钢锭设计原理

胡 林 李胜利 胡小东 许长军 著

北 京
冶 金 工 业 出 版 社
2015

内 容 提 要

本书共分 13 章，主要介绍了钢锭模铸的工艺与设备，包括了凝固原理基础、钢锭压力加工理论基础，锭型设计，钢锭模的设计与制造，模铸辅件设计，模铸用耐火材料，钢锭的浇注工艺，钢锭的脱模、热装热送、液芯加热和液芯轧制，模铸的模拟实验技术和检验技术，模铸钢锭的现场测试和检测等。

本书可供钢锭模铸相关生产、设计、研究、管理人员参考，也可作为高校师生的教学用书。

图书在版编目(CIP)数据

钢锭设计原理／胡林等著 . —北京：冶金工业
出版社，2015.6
　　ISBN 978-7-5024-6911-5

Ⅰ.①钢…　Ⅱ.①胡…　Ⅲ.①钢锭—工业设计
Ⅳ.①TF771

中国版本图书馆 CIP 数据核字(2015)第 117553 号

出　版　人　谭学余
地　　　址　北京市东城区嵩祝院北巷 39 号　邮编　100009　电话　(010)64027926
网　　　址　www.cnmip.com.cn　电子信箱　yjcbs@cnmip.com.cn
责任编辑　曾　媛　李鑫雨　美术编辑　吕欣童　版式设计　孙跃红
责任校对　李　娜　责任印制　李玉山
ISBN 978-7-5024-6911-5
冶金工业出版社出版发行；各地新华书店经销；固安华明印业有限公司印刷
2015 年 6 月第 1 版，2015 年 6 月第 1 次印刷
169mm×239mm；11.5 印张；222 千字；169 页
49.00 元

冶金工业出版社　投稿电话　(010)64027932　投稿信箱　tougao@cnmip.com.cn
冶金工业出版社营销中心　电话　(010)64044283　传真　(010)64027893
冶金书店　地址　北京市东四西大街 46 号(100010)　电话　(010)65289081(兼传真)
冶金工业出版社天猫旗舰店　yjgycbs.tmall.com
(本书如有印装质量问题，本社营销中心负责退换)

前　　言

钢的模铸是一种传统工艺，已有 200 多年的历史。它是将冶炼合格的钢液浇入金属模内冷却凝固成型后，再经加热、初轧或锻造，加工成各种钢材所用的坯料，最后制成各种钢铁产品。因此，属于二次加工的"长流程"工艺。

钢的连铸是 19 世纪 50 年代发展起来的生产工艺，它是将钢液连续浇注成"近终形"的连铸坯，然后一次加工成最终产品。其不但能提高生产效率，提高成材率，降低系统能耗，而且能够改善产品质量。因而上世纪末连铸得到迅猛的发展，成为钢铁生产的主流。目前，世界各主要产钢国家的连铸比（即连铸产量与钢铁生产总量的百分比）大多已超过 95%。

钢的液态铸轧是上世纪末发展起来的新工艺，它把铸和轧两个工艺合二为一，在铸的同时进行轧制，因而使生产工艺流程更短，系统能耗更低。由于凝固过程冷却强度极大，使钢的晶粒更加细化，偏析更加减轻，强度更加提高，但目前仅限于薄带的生产。

但是，各种工艺均会有所长和有所短。国民经济发展的需求是多种多样的，任何工艺都不可能包打天下，而且各种工艺都随着科学技术的发展在不断创新和进步，因此很难说某种工艺是"绝对的先进"，某种工艺是"绝对的落后"。况且各种工艺在相互竞争的过程中可以借鉴彼此的经验，取长补短，这就是传统模铸至今依然存在和得以发展的原因。

与模铸相比，连铸的主要优点是成材率高（约高 8% ~ 12%），综合能耗低（低 40% 左右），生产效率高，适合大批量、较单一品种钢的生产，自动化水平高。但有其缺点：即不适应小批量、多品种钢的市场需求；不适应大单重或大尺寸钢材的生产；不能浇注价廉物美的沸腾钢。因此，在有特殊要求的特殊钢企业、军工企业和要求小批量、多品种、大单重的重机行业中，依然保留着一定的模铸生产能力。作者在 20 世纪 80 年代开发的"压盖沸腾钢锭液芯加热和液芯轧制"技术，其平均成坯率达到 96%，最高成坯率达 97.71%，节约加热能耗60%，节约轧制能耗 20%，其效果也并不亚于连铸。

　　自改革开放以来，我国已成为钢铁大国并逐步向钢铁强国迈进，模铸产品的需求也日益显现。一些要求压缩比和 Z 向性能的特厚板，也需要用扁钢锭和大开口度的 4300～5500mm 宽厚板轧机生产。另外，模铸发展了"水平定向凝固技术"、"电渣重熔技术"、"电磁补缩技术"、"电磁振荡和超声波振荡浇注技术"、"冷芯和空心锭浇注技术"、"真空碳脱氧浇注技术"、"变形深透技术"等新工艺、新技术，钢种以合金钢、特殊钢为主，锭重可以从几十公斤到几百吨，而且产品大多是高附加值产品。按我国钢产能 8 亿吨计，模铸产能也有 4000 万吨左右。因此，模铸这个传统工艺便又焕发出新的生机。

　　2008 年，作者曾做过全国性的考察，发现由于国内较长时期重视连铸，忽视模铸，致使国内专门研究模铸的机构寥寥无几。工厂中从事模铸的技术人员大多依靠和借鉴已有的经验和国外相关工程师的设计图纸来设计钢锭，而缺乏系统创新。一些在国外行之有效的模铸技术，在国内却被束之高阁。各厂的钢锭成材率和超声波探伤合格率也参差不齐，最多时与国际先进水平相差 8%～10%，造成了极大的浪费。因此，作者萌生了撰写本书的想法，将积累 40 多年的从事模铸设计、产品缺陷诊断的经验奉献给相关工程技术人员和学者。作者计划撰写两部专著，本部著作重点介绍与钢锭生产相关的冶炼、铸造、加工等理论基础和传统模铸钢锭的设计方法、实验方法和相关设备与工艺，另一部著作主要介绍现代钢锭新工艺、新技术及其应用实例和钢锭产品缺陷诊断。

　　本书的特点是：力求理论联系实际，将冶、铸、轧（锻）作为一个系统工程加以研究。对一些理论问题不做细节推导，而着重于基本原理的灵活运用。由于锻造和轧制均属于热压力加工范畴，又都采用钢锭做原料，故在本书中对其加以对照分析。

　　本书可供钢锭模铸现场工程技术人员和各大专院校师生参考。

　　由于水平所限，不当之处望广大读者和同行批评指正。

著　者
2015 年 3 月

目　　录

1 钢锭的用途

钢锭的用途广泛，按照其经锻压、轧制成材的产品类型，可分为以下几类。

1.1 电力用钢

电力用钢包括核电、火电、风电、水电等用钢。

核电：用于核岛的核心部件，如蒸发器、主管道、堆芯支撑板、弯管板和发电机组的低压转子等大型部件，除要求高强度、高韧性、高均质性外，有的还要求耐核辐射，多采用电渣重熔钢锭制造，最大锭重达715t。图1－1是在万吨水压机上锻造电渣重熔钢锭的情况，图1－2是百吨电渣重熔钢锭，图1－3是CPR－1000核反应堆堆芯支撑板，图1－4是核电整锻低压转子，图1－5是核电用锻造一体化接管段。

图1－1　在万吨水压机上锻造的电渣重熔钢锭　　　　图1－2　百吨电渣重熔钢锭

水电：大型水力发电站用发电机转子、机座、船闸闸门等，要求高强度、高韧性、高洁净度。

火电：超超临界火力发电机的汽包、发电机座、汽轮发电机转子等，要求高温强度、高洁净度、抗蠕变性能。图1－6是1000MW超超临界汽轮机高、中压转子。

图 1-3 CPR-1000 核反应堆堆芯支撑板

图 1-4 核电整锻低压转子

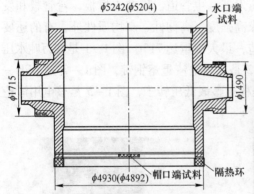

图 1-5 核电用锻造一体化接管段

图 1-6 1000MW 超超临界汽轮
机高、中压转子

　　作者与 W 厂、S 厂共同研制的扁钢锭有许多用于电力用钢。

　　风电：用于底座（见图 1-7）、立杆和风力发电机轴的制造。作者研发的各种钢锭，经轧制锻造后也应用于风电用钢。

图 1-7 风力发电机底座

1.2　机械制造用钢

　　机械制造业是钢锭的最大用户，特别是目前我国已成为世界机械制造大国，大型机械不但要满足国内需求，还需要大规模出口。其中冶金机械中的大型矿山用破碎机、球磨机，大型高炉炉壳，转炉托圈、转轴及传动系统，宽厚板轧机工作辊、支承辊及万向接轴、主电机轴，无缝钢管轧机的浮动芯棒、限动芯棒和其他各类轧机的轧辊、轴承、轴承座等均由钢锭经锻造制作；大型矿山机械中的挖掘机铲斗、铲臂，海港机械中的起重机吊臂等也是如此。图 1-8 是 5000~5500mm 宽厚板轧机的支承辊，直径 ϕ2200~2400mm，重 240t。

图 1-8　宽厚板轧机支承辊

1.3　高层建筑用钢

　　随着建筑业的发展，钢结构高层建筑层出不穷，如迪拜塔、上海中心等。200m 以上的高层建筑为了抗震、防风和防火的需要，多做成钢结构的主框架，其结构可由钢锭轧成的特厚板，经剪裁加工、焊接制成，要求高强度、抗震性和 Z 向性能。图 1-9 是我国上海的国贸大厦，图 1-10 是其钢结构，图 1-11 是奥运场馆"鸟巢"钢结构，均用到了作者开发的钢锭轧成的特厚板。

图 1-9　上海国贸大厦

图 1-10　上海冠达尔厂制造的大型钢结构

图 1 - 11　"鸟巢"的钢结构

1.4　高速铁路用钢

目前我国已成为高速铁路大国，并将有许多高铁项目出口国外。高速铁路车辆的车轮、车轴均由圆钢切片后锻造或在车轮轧机上冲孔、轧制而成，其要求极为严格，除要求高强度、高韧性外，还要求耐疲劳、高精度、高纯净度。此外，高铁的跨江、跨海大桥支撑桥墩、支撑臂也是锻造产品。作者研发的重轨用钢锭经轨梁厂轧成 50kg/m、65kg/m 的重轨也曾用于铁路（见图 1 - 12）。

图 1 - 12　重轨钢

1.5　模具用钢

大型飞机及汽车外壳，需要用钢和铝合金板冲压成型，塑料行业需要将塑料冲压成各种用具，因此需要制作模具的模具钢。模具钢中又分为热作模具钢和冷作模具钢，前者要求热强性，后者要求耐磨性，且都对韧性、均质性和光洁度有较高要求。模具钢一般也可由钢锭轧制或锻造而成，用量很大。图 1 - 13 是用作者研发的钢锭轧成特厚板制成的模具钢模块。

图 1 - 13　大型模具钢

1.6 军工用钢

大型火炮炮管、坦克炮塔及防护装甲板、航母飞机起飞甲板、水线下的防护板和潜艇的外壳等均是用钢锭经宽厚板轧机轧成的钢板制成，大型飞机的起落架也是采用钢锭经锻造制成的。除要求高强度、高韧性和高抗爆性等性能外，还要求能在极端气候条件下工作（见图1-14~图1-16）。

图1-14 中国辽宁号航母

图1-15 坦克

图1-16 核潜艇

1.7 造船和海洋用钢

随着国民经济的发展，海洋运输和海洋石油钻探已成为我国的强项之一。不仅50万吨以上的轮船和集装箱船需求大量船板钢，而且轮船的发动机曲轴、传动轴和螺旋桨等，许多都是通过模铸钢锭生产的。船板钢要求高强度、高焊接性、耐极冷工作条件和耐海水腐蚀等性能。海洋石油平台的钻杆、井架、伸缩腿及升降齿条有许多是用钢锭经锻造制成。图1-17是深海石油平台，作者开发的钢锭中有许多经宽厚板轧机轧成钢板后用于造船和海洋石油平台。

图 1 - 17　深海石油平台

1.8 · 重化工用钢

　　石油、焦化等重化工行业中，包括各种反应塔、反应釜、球罐等，除要求强度高，还要耐酸、碱等腐蚀，故常由各种不锈钢、耐酸钢、耐碱钢等制成。随着中空钢锭的研制成功，许多重化工用钢已由厚板焊接改为整体锻造，如加氢反应塔等。图 1 - 18 是由电渣重熔锭整体锻造成的反应塔筒体，图 1 - 19 是采用作者开发的钢锭加工而成的加氢反应塔。其他一些不锈钢锭则经钢板轧机轧制后制成各种不锈钢容器。

图 1 - 18　整体锻造的反应塔筒体　　　　图 1 - 19　制造中的加氢反应塔

1.9 轴承和齿轮用钢

在各种传动机械中均少不了轴承、轴承座和齿轮。轴承钢要求均质性、洁净度好,有较高的硬度和耐磨性,还要求耐疲劳性能,一般均由轴承钢锭,经锻造后加工制成。图1-20是大型轴承。作者研发的矩形弧边合金钢锭生产过许多轴承钢,曾提供于瓦房店轴承厂、洛阳轴承厂等。

图1-20 轴承钢

1.10 刀具、工具、量具用钢

现代机械加工离不开各种刀具、工具、量具等,如各种车刀、铣刀、钻头等,它们要求高硬度、高强度,有的还要求红韧性,一般由碳素工具钢、合金工具钢、高速工具钢锭,经锻造(轧制)后加工而成。作者研究的高级工具钢、合金工具钢等各种合金钢锭,用于各种工具制造。

1.11 高压容器用钢

高压容器用钢,如高压蒸汽汽包、氧气瓶钢、天然气瓶、大型氧气球罐用钢等。作者研发的钢锭经无缝钢管轧机穿孔、轧制,曾制作过氧气瓶钢、天然气输送气瓶等,所轧钢板曾用于大型氧气罐和球罐(见图1-21)。

图1-21 大型氧气罐和球罐

1.12 特种合金

特种合金虽用量不大，但由于常用于航空、航天仪器、仪表等特殊用途，故一般经真空冶炼、等离子电弧冶炼等特殊冶炼方法，保证其纯度，并铸成小钢锭后加工而成。如精密合金、高温合金、磁性或非磁性合金、膨胀合金等，在此不一一列举。

总之，钢锭工艺是国民经济中不可或缺的钢铁生产工艺，而且其产品大多为高附加值产品，所以应当认真加以研究。

2 传统钢锭的生产工艺与设备

2.1 传统钢锭的生产工艺

钢液经冶炼、炉外精炼后，注入金属模内，后经凝固成为钢锭。合格钢液的要求是：温度合格，成分合格，洁净度合格。钢液质量的要求是：钢中氮、氢、氧等含量达到规定要求，有害元素如硫、磷、铜、铅、锡、砷等控制在较低水平，钢内各种夹杂物降低到低于标准要求的水平。

钢液按冶炼后期脱氧程度不同，可分为镇静钢（完全脱氧钢）、沸腾钢（未完全脱氧钢）和半镇静钢（脱氧程度介于前两者之间）。镇静钢一般浇注合金含量较高的合金钢、特殊钢以及优质碳素钢。沸腾钢用于浇注低碳钢。半镇静钢用于浇注中、低碳钢和部分低合金高强度钢。由于浇注时溶解于钢液中的氧与碳发生碳氧反应，生成一氧化碳气泡，因此沸腾钢和镇静钢钢锭内部的组织结构不同。镇静钢钢锭头部存在由于凝固体积收缩而造成的明显缩孔。沸腾钢中的气泡弥补了钢液凝固的体积收缩，没有明显的缩孔，但其内部存在蜂窝气泡和二次气泡。半镇静钢则介于两者之间，又可将其分为偏沸腾型和偏镇静型两种，锭中含有少量气泡。如果沸腾钢和半镇静钢中的气泡内壁比较洁净，则在其后续的压力加工过程中，高温高压的作用可使其焊合。镇静钢头部的缩孔内聚集着许多夹杂物，其内表面又被氧化，压力加工后难以被焊合，因而切头率较大，成材率较低。但由于钢锭内部气体夹杂能充分上浮且组织致密，故内部质量比沸腾钢、半镇静钢好。图2-1给出了上述三种钢锭的内部组织结构。

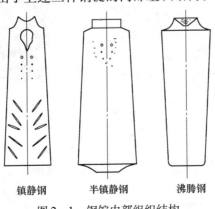

镇静钢　　　半镇静钢　　　沸腾钢

图2-1　钢锭内部组织结构

钢锭按浇注方法的不同,分为上铸法、下铸法、斜铸法。

上铸法,是钢水罐中的钢液从钢锭模上口直接浇入钢锭模内的方法。一般情况下只能逐锭浇注。

上铸法的优点:钢液利用率高,残钢损失小,钢锭中夹杂物较少,浇注末期钢液热中心在钢锭上部,补缩条件好,钢锭不容易产生二次缩孔和疏松,整、脱模工作量和耐火材料消耗少。

上铸法的缺点:由于不能同时浇注几个钢锭,处理钢液较慢,一炉钢液浇多支锭时,要求浇注的钢液过热度较高;钢液自上而下落差大,开浇时容易引起"飞溅",造成钢锭表面"溅疤",也容易将钢锭模底或底盘冲损。另外,由于在浇注沸腾钢时浇注铸流和钢液中一氧化碳气泡逸出方向相反,不利于钢液沸腾,因而一般很少用上铸法浇注沸腾钢锭。

正因为有上述优缺点,上铸法适用于浇注大型和内部质量要求较高的镇静钢钢锭。钢锭的真空浇注也采用上铸法,此时是将钢锭模置于真空室内浇注(见图2-2),图2-3为真空上铸法进行铸锭作业的场景。

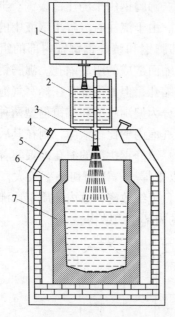

图2-2 真空浇注
1—钢水包;2—中间包;3—浇注水口;
4—窥视镜;5—真空盖;6—真空室;7—锭模

图2-3 真空上铸作业场景

下铸法,是钢水包内的钢液经中心注管、底盘汤道砖、反射水口砖自下而上地同时浇注几个钢锭的方法。

下铸法的优点:处理钢液较快,可以降低出钢温度进行低过热度浇注,钢液在钢锭模内上升平稳，不容易产生飞溅结疤，且钢液中气体夹杂上浮条件较好，钢锭表面质量也较好。

下铸法的缺点：耐火材料消耗较多，整、脱模工作量较大，残钢损失较多，中心注管和汤道砖等受钢液侵蚀，容易将硅酸盐类夹杂带入钢锭模内，钢锭头部的补缩条件没有上铸法好。

不论是上铸法还是下铸法，均可以浇注镇静钢。最终采用哪种方法，要依钢锭大小和对钢锭内部质量要求而定，一般中、小型钢锭多采用下铸法生产。

旋转浇注法，采用倾斜而不断旋转的钢锭模浇注空心或实心圆钢锭，利用其旋转的离心力，可以制成内外不同钢种的复合钢锭，用以制造外强、内韧的复合轧辊等产品，以减少加工量，是一种特殊的铸造方法。其他还有在压力室内的压力铸造法，以增加钢锭的致密度，在此不一一列举。

上铸、下铸、旋转倾斜浇注方法如图 2-4 所示。

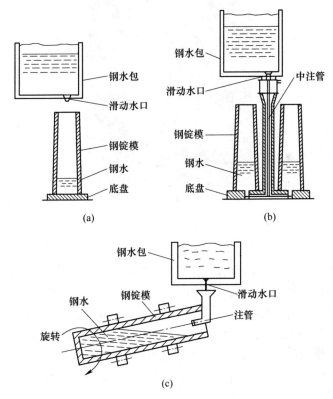

图 2-4　几种不同的浇注方法
(a) 上铸；(b) 下铸；(c) 斜铸

钢的浇注还可以分为坑铸、地平面浇注和车铸。采用何种铸法视铸锭车间条件和生产规模而定。一般生产规模大者或铸锭车间距加工车间较远者采用车铸，即将钢锭模放在火车平台上浇注，浇注时可以采用天车吊着钢水包直接浇注，也可以将钢水包放置在专门的浇注车上对放在地坑内的钢锭模进行浇注。对特大型钢锭还可以多包接力浇注，即将第一包钢液放在浇注车上开浇，其他包钢液用吊车吊到第一包上方，以第一包充当"中间包"进行连续浇注。

2.2 钢锭铸造的设备及工具

2.2.1 钢水包

铸锭用钢水包（图 2 - 5）由钢结构外壳、耐火材料内衬、开浇机构、耳轴等组成。其容量和炼钢、炉外精炼炉容相匹配，一般采用一炉一包，对较大的炉容也可以是一炉两包或三包。

图 2 - 5 钢水包

钢水包的耐火材料由保温层、永久层和工作层组成。其中工作层由于和高温钢液直接接触，不但要求高的耐火度，而且要求不污染钢液，一般采用镁铝质或镁钙质材料制成。在钢水包渣线附近，为减少渣的侵蚀作用，有时还用镁碳质砖，这些材料可以由散装料打结、烧成，也可以由机制砖砌成。为了减少钢包中钢液的温降，除需要一定厚度的保温层外，钢包在使用前还要烘烤到 950 ~ 1050℃。现代化的钢包有钢包盖和加盖机构。大型钢包（100t 以上）内钢液的温降为 0.3 ~ 0.5℃/min，中型钢包（40 ~ 50t）钢液温降约 0.6 ~ 0.8℃/min，小型钢包钢液温降更快。

钢包的包底设开浇机构，有塞棒式和滑动水口式两种（见图 2 - 6）。塞棒式开浇机构由塞棒、袖口砖、杠杆机构组成，可以人工操作，也可由气压缸操作。塞头砖的顶部呈凸圆形，与钢包底部的水口座砖配合。当塞棒提起时，水口打开，实现浇注；当塞棒下降时，水口被堵死，停止浇注。调整水口开度，可以改变铸速。

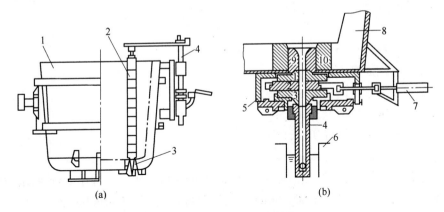

图 2-6　钢水包的开浇结构

（a）塞棒式开浇结构：1—钢水包；2—塞棒；3—袖口砖；4—杠杆机构；
（b）滑动水口式开浇结构：1—上滑板；2—中滑板；3—下滑板；4—浸入式水口；
5—滑动水口架；6—结晶器；7—液压缸；8—中间包；9—上水口；10—水口座砖

塞棒式开浇机构的优点：控制水口流速比较准确，钢液流股不容易散流，从而实现"圆流浇注"，可以减少钢流的"二次氧化"。根据水力学原理，当钢包内剩余钢液面较低时，水口附近的钢液中会产生"涡流"，从而引起钢包内的钢渣被卷入钢液，影响浇注质量。当采用塞棒结构时，有利于防止"涡流"的产生，从而也可以减少"包底留钢"，提高钢液利用率。塞棒式开浇机构的缺点：由于塞杆和袖口砖长期浸泡在高温钢液中，容易熔断，另外在钢包内更换塞棒机构也不方便。

滑动水口开浇机构由上、下水口砖、滑板砖、滑动机构、气压缸等组成。滑动机构又有移动式和转动式两种。滑板砖分上、下两层，一般由铝碳质或铝锆碳质耐火材料压制而成。在滑板上设有与上、下水口砖相同的水口孔，当移动或转动滑板砖，上、下水口孔和滑板孔对中时便可实现开浇。当对中不完全时，可以控制铸流，因此可通过调节滑动水口的对中度来控制浇注速度。滑动式水口开浇机构的优点：所有的机械设备在钢包外，便于安装、维护，故目前应用较多。但这种水口在开浇前要在上水口和滑板间加引流砂，开浇时先要放掉一些钢液，将引流砂冲掉，然后才能对准中心铸管进行浇注，一旦引流砂被钢液焊住，水口难以打开，就需要用吹氧管烧开水口。如果水口孔对中度过小，会引起"偏流"和"散流"，增加钢液二次氧化的机会。为此常在滑动水口处设吹氩环进行保护浇注，同时要选择好水口孔的直径，使其在调整铸速时，上下水口孔的对中度保持在50%以上。有时还在袖口砖处设下渣监测设备，防止浇注后期因包底产生涡流，造成钢渣混出。

水口孔的直径大小，不论采用哪种开浇机构，均可按式（2-1）计算：

$$d^2 = \frac{2D^2h}{\sqrt{2ght_允}}\eta \qquad (2-1)$$

式中　d——水口直径，m；

　　　D——钢液罐直径，m；

　　　h——钢液罐内初始液面高，m；

　　　g——重力加速度，m/s^2；

　　　$t_允$——因钢液温降所允许的浇注时间，s；

　　　η——水口平均开度（0.6~0.8）。

为简便计，目前浇注小钢锭一般采用 ϕ35~40mm 水口，浇中等锭采用 ϕ40~50mm 水口，浇大锭采用 ϕ60~80mm 水口，浇巨型锭采用 ϕ100mm 水口。

2.2.2 钢包吊车和铸锭车

钢锭浇注可以采用吊车吊着钢包直接浇注，利用大车、小车移动机构和小车的卷扬机构可使水口对准钢锭模或中心铸管，也可将钢包放在铸锭车上对准钢锭模或中心铸管浇注。因此，铸锭车必须有走行机构、升降机构和左右对中机构。铸锭车可以用于坑铸，也可以架在铸台上，对地坪下的钢锭进行浇注，但不论哪种铸法，均需考虑吊车和铸锭车的轨面标高，以利于工人观察模内钢液浇注情况和进行整、脱模操作。图2-7和图2-8分别为某厂钢包吊车和铸锭车。

图2-7　钢包吊车

图2-8　铸锭车

2.2.3 模铸工具

钢锭模、底盘、中心铸管是模铸的主要工具。钢液在钢锭模内凝固成型，中心铸管将钢包中的钢液引导到钢锭模中，底盘则为承载钢锭模和中心铸管所用。

钢锭模、中心铸管和底盘均由铸铁铸成。钢锭模之所以采用铸铁材质，是由于其导热性较好，在高温下不易与钢液粘连，也不易热变形。钢锭模是一种消耗件，用铸铁制造工艺相对简单，成本较低。

2.2.4 整、脱模设备

整模和脱模车间的主要设备是整、脱模吊车。吊车分钳式和钩式两种。脱模吊车起吊能力按最大锭重加上锭模重量再加上吊具重量考虑。钳式吊车的夹钳最大、最小开度，要与锭重、锭型相匹配，还要有升、降、旋转功能（见图2-9）。钩式吊车采用钢链、钢丝绳和吊具进行整、脱模作业，结构比较简单。整脱模吊车台数视生产规模大小和生产的连续性而定，一般均设两台以上，以便一台检修时另外的一台可维持生产。

图2-9　钳式吊车

2.2.5 其他设施

在铸锭、整模、脱模车间内，设有耐火材料库，耐火材料、保护渣、绝热板的烘烤装置，以及吹氩和氧气管道等相应设施或管线。如果采用水冷钢锭模和电磁补缩帽口，还要专设水处理系统，防止冷却管线内水垢的形成。如采用电加热帽口和电磁振动铸锭工艺时，还要设置电控柜等电气设施。

在一些特殊钢厂和重型机械厂，为防止钢锭产生"白点"和裂纹，专门设有缓冷坑和退火炉，对钢锭进行热处理，其容量和尺寸根据钢锭大小、尺寸而定。为了砌筑和拆卸钢水包，设置专门的拆包机械和钢包烘烤设施。为清理钢锭模防止钢锭表面产生缺陷，还要设钢锭表面火焰清理，锭模内表面清扫机械及钢锭模内表面喷涂耐火涂料设备。对铸锭车间和压力加工车间相距较远的情况下，应设置钢锭保温车或钢锭输送列车快速运锭，以减少输送过程的温降，节约钢锭压力加工时的加热能耗。为了钢水包过跨，还设有过跨电平车。对钢锭模的冷却，应设置足够大的锭模冷却区。

2.3 铸锭车间的平面布置

铸锭车间与冶炼车间的平面布置有平行式和垂直式两种（见图 2 – 10）。平行布置时，在冶炼跨和铸锭跨之间设置钢水包过跨电平车。电平车可为原料废钢跨、冶炼跨、铸锭跨共用。在铸锭跨内，可进行整模、脱模和浇注，铸锭、整模、脱模吊车可以共用。铸锭线从过跨车线分别向左右两侧延伸，而不互相干扰，生产流程比较顺畅，适合生产规模较大的情况。垂直布置时，冶炼跨和铸锭，整、脱模跨垂直布置，钢水包可以通过钢包车直接过跨，但由于铸锭跨中生产线向一个方向延伸，整、脱模吊车有时会相互干扰，总图布置上占用场地面积也较大，适合生产规模较小的场合。还有一种更节约场地的方式，就是将铸锭跨设在冶炼跨的同一跨延长线上，这样可以共用冶炼、铸锭吊车，但由于受场地条件限制，只能小规模的生产。采用哪种方式，视生产规模、场地条件而定，总的原则是要保证生产流程顺行，避免往返运输和各工艺环节相互干扰。

在铸锭跨间和整、脱模跨间内，可以设一条生产线，也可以设两条生产线，应留有放置钢锭和钢锭模的足够空间，并改善工人的劳动环境。

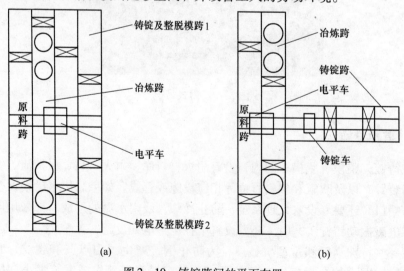

图 2 – 10 铸锭跨间的平面布置
（a）平行式；（b）垂直式

3 钢液冶炼基础

要铸出冶金质量合格的钢锭，首先必须有质量合格的钢液，因此必须对炼钢的基本工艺和工艺过程中的冶金反应现象，以及对合格钢液的具体要求有所了解。对钢液质量的最基本要求：钢液温度应满足能够得到内外质量合格钢锭的需求，钢液的化学成分应满足成品钢材使用性能的要求，钢中的氧、氢、氮、硫、磷等含量控制在要求范围之内，钢液中铜、锡、铅、砷、锌等有害金属元素和非金属夹杂物含量控制在规定范围内。

钢在高温熔融状态下是一个以 Fe 为溶剂，以 C、Si、Mn、Cr、Ni、Mo、V 等合金元素为溶质的混合溶液。在冶炼过程中，钢液中存在多种气、液、固态物质和元素间的交互作用，具有蒸发、升华、熔化、溶解、氧化、还原、扩散、电化学等多种物理化学反应的过程。反应的内因是组成钢液的各成分的原子结构、分子状态，以及各元素原子的相互结合状态。反应的外因是温度、压力、流场的变化。在冶炼过程中伴随着热量传递、质量传递和动量传递，其中化学反应在炉渣－大气、炉渣－钢液、钢液－冶金炉壁耐火材料的界面上进行，也在钢液内部各原子间和炉渣内部各组元间进行，是一个复杂的物理和化学过程。本章主要针对铸造钢锭所需合格钢液的冶炼工艺和原理进行简介。

3.1 钢液冶炼的工艺过程

目前，世界各国炼钢的方法主要有转炉炼钢、电弧炉炼钢、感应炉炼钢和特殊炼钢等方法。各种方法所用原料、热源和炼钢炉构造有所不同。其中，转炉冶炼已成为目前炼钢的主流；电炉法多用于冶炼合金钢；感应炉适于用优质原料（优质废钢、铁合金等）冶炼特殊钢与合金；特殊炼钢法如熔融还原法、连续炼钢法、等离子炼钢法、电子束冶炼法、电磁悬浮熔炼法等则应用较少。无论哪种炼钢方法，其工艺过程均为：装料—熔化—氧化—还原—脱氧—合金化—去除钢中气体夹杂—浇注，在不同阶段分别进行脱磷、脱硫、控温、去除气体夹杂、脱氧、控制钢中化学成分等任务。

3.1.1 氧气顶吹转炉炼钢工艺过程

氧气顶吹转炉（见图 3 - 1）以铁水为主要原料，也可以添加多达30%的废钢，废钢除了作炼钢的基本原料外，还可以作为调节炉温的冷却剂。装料时先加

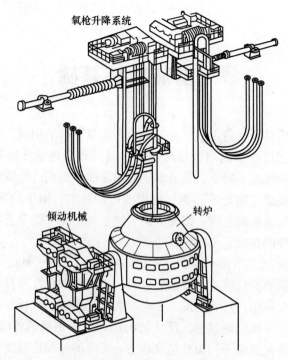

图 3-1 氧气顶吹转炉结构示意图

入造渣原料石灰石，然后兑入铁水，最后加装废钢。炼钢过程主要依靠铁水本身的物理热和氧化反应的化学热来进行，冶炼一炉钢在 30min 左右，生产效率很高。前炉钢出钢结束后倒掉炉渣，并检查确定炉体是否需要溅渣补炉，然后进行装料。装料结束后进行吹氧冶炼。合理的吹氧制度决定了生产节奏和冶炼成本。供氧时间一般仅有十几分钟，在此期间必须形成具有一定碱度和流动性的泡沫化炉渣，以去除磷和硫，保护炉衬，降低终点氧。造渣原料以石灰石为主，辅以适量的白云石、萤石、烧结矿和铁矿石等。造渣过程中必须防止喷溅，其措施有控制吹氧脱碳温度、控制氧枪枪位、控制渣量和渣中的（FeO）含量，使渣中（FeO）不出现明显的聚集现象，并保证合适的装料量（炉容比）。为了提高炉内化学反应效率，发展了顶底复吹技术，即在顶吹氧的同时从炉底透气砖内向炉内吹入氩气或氮气进行搅拌以加速炼钢反应的进行。转炉吹炼末期还要注意终点成分和温度的控制，达到终点的具体标识是：

（1）钢中的碳含量达到所炼钢种的要求范围；

（2）钢的磷、硫含量低于规格下限的一定范围；

（3）出钢温度满足精炼、铸锭的要求；

（4）对于镇静钢要进行预脱氧，待炉外精炼后再终脱氧；对于沸腾钢，钢液要有一定的氧化性。

因此，炼钢过程中要适时用热电偶测温，用红外碳硫分析仪和能谱仪快速测定各合金元素的含量，以便准确掌握铁合金的加入量及冶炼时间，保证温度和成分的"命中率"，尽量避免补吹。在出钢过程中要实行"挡渣出钢"，防止氧化性渣进入精炼炉中。

3.1.2 电弧炉炼钢工艺过程

电弧炉（见图 3-2）包括直流电弧炉和交流电弧炉，其炼钢能源主要包括电能、化学能和物理热，三种能量可以相互配合，热效率较高。电弧炉炼钢具有熔化、精炼和合金化等功能，可以完成炉料的熔化和钢液脱磷、脱碳及升温的操作，还可以完成脱氧、脱硫、去气、去夹杂物、合金化和成分与温度的调整等任务，其冶炼周期长、生产率低，难以满足现代钢铁生产需求。因此，现代电弧炉采用超高功率冶炼，并辅以废钢预热和吹氧喷炭助熔，从而使冶炼时间大为缩短，电耗和石墨电极消耗大为降低，炼钢工艺过程只保留了熔化和脱磷、脱碳等操作，其他较低功率的精炼任务则转移到钢包精炼炉内进行，因而工艺流程缩短、高效、节能。一般冶炼一炉钢的时间由过去的几个小时缩短到 40min 左右，且冶炼效率还在进一步提高，冶炼周期在不断缩短。

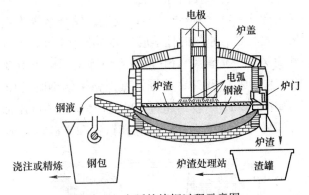

图 3-2 电弧炉炼钢过程示意图

电弧炉炼钢工艺以废钢为主要原料，有的工厂也会兑一定量的铁水，加入石灰为主要造渣原料。现代电炉炼钢多采用留钢（10%～15%）留渣（90%以上）操作，因而采用底出钢方式，使熔化初始便有少量熔池，以提前吹氧助熔和造渣，有利于缩短熔化时间、降低电耗和成本。熔化期占整个冶炼时间的 50% 左右，其电能消耗占总耗电量的 65% 左右，因而缩短熔化时间是提高电炉炼钢效率、节省能耗的关键。造渣时将氧枪降至渣钢界面以下较浅部位进行吹氧，而脱碳时需将氧枪浸入熔池较深部位。对于超高功率电弧炉，可以采用泡沫渣埋弧加热技术。剧烈的 C-O 反应和大渣量可以促使渣内产生大量的 CO 气泡，有利于吸收电弧辐射能传递给熔池和保护炉衬。脱碳时熔池内的 C-O 反应致使钢液沸腾,可以增大渣 - 钢界面积,加快脱磷反应;同时,促使了溶解在钢液中的氮和氢不断向 CO 气泡内扩散并生成 H_2 和 N_2,最后上浮进入炉气而去除;强烈的沸腾使夹杂物更容易碰撞、聚集长大而上浮至炉渣中。当磷含量满足要求时控制升温,以便为还原期做好准备。还原期内,脱氧是核心,温度是条件,造渣是保证。扒渣后加入 Mn - Fe、Si - Fe 等预脱氧,以石灰、萤石、火砖块等造白渣,另加炭粉和 Fe - Si 等进行扩散脱氧,然后取样、测温和调整成分,一般加入 Al 或 Ca - Si 块进行终脱氧,最后出钢。需要注意的是:脱氧与合金化并非一定按先后顺序进行,贵重的合金元素最好在钢液脱氧良好情况下加入。

3.1.3 感应炉炼钢工艺过程

感应炉分为工频(50Hz)感应炉、中频($10^3 \sim 10^4$Hz)感应炉、高频(10^5Hz 以上)感应炉、真空感应炉、等离子感应炉和增压感应炉等。其中以铸造钢锭为主的相关企业采用中频感应炉或真空感应炉为主。感应炉炼钢能是由交变磁场在炉料中感生电流带来的焦耳热,冶炼一炉钢的时间在 20 ~ 60min 范围内。目前,中频炉炼钢已成为高速钢、不锈钢、模具钢、耐热钢等特种钢和高温合金、电热合金等合金生产的重要冶炼方法。

中频感应炉(见图 3 - 3)炼钢炉料多以废钢、铁合金等为主,且对原料的要求比电弧炉严格,尤其是对原料的化学成分必须准确掌握,另外还要尽量做到废钢清洁无油污和少锈蚀。炉渣对于中频感应炉炼钢同样很重要。碱性渣中含 CaO 和 CaF_2 最多可达 80% 和 30%,冶炼铁基镍铬不锈钢时可加入 25% 左右的 Al_2O_3。中性渣含 CaO 和 CaF_2 一般不超过 50% 和 15%,并可添加石英砂等提高渣的流动性或添加镁砂等降低流动性。冶炼高铬钢和高硅钢时加入 50% 左右的

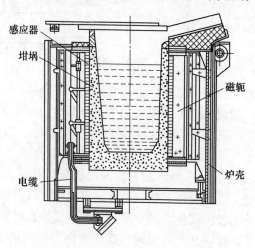

图 3 - 3 中频感应炉结构示意图

SiO_2。冶炼高硫、高锰易切钢时除加入 SiO_2 外，还需添加 15% 左右 Al_2O_3。酸性渣中 CaO 比例一般不超过 10%，不含 CaF_2，加入 SiO_2 75% 左右。总之，最终目的均为获得低熔点、流动性良好的炉渣。中频炉炼钢过程中炉渣的热量由钢液提供，在脱氧和去磷、硫能力方面不及电弧炉。但是炼钢过程中由于电磁搅拌作用带来的钢液运动条件明显优于电弧炉，可加入矿石、吹入氧气脱除少量碳。感应炉中常用的脱氧剂有铝粉、硅铁粉、硅钙粉、炭粉、铝石灰粉等，分批均匀地洒向渣面进行扩散脱氧。中频感应炉炼钢，由于炉内氧化性气氛低，又没有电弧产生的高温，故合金元素收得率也明显高于电弧炉，如硼的收得率可达 85%，而电弧炉对硼元素的收得率不足 60%。

真空感应炉冶炼是在真空负压条件下实现炉料的加热、熔化、精炼、合金化和浇注的，其特点是显著提高冶炼钢液纯度和钢的化学成分控制的准确度。冶炼过程中真空度的变化随炉子容量、冶炼钢种的不同而有所变化，精炼期真空度最高。需要注意的是：真空度并非越高越好，过高的真空度不仅会增加合金元素的挥发，还会促进钢液与坩埚衬间的反应，使钢液增氧。图 3 - 4 为真空感应炉熔炼—铸锭示意图。

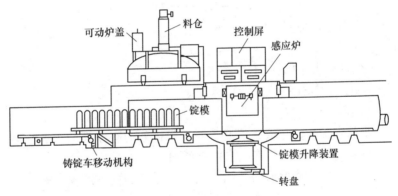

图 3 - 4 真空感应炉熔炼—铸锭示意图

3.2 炼钢的热力学基础

炼钢过程热力学是利用化学热力学原理研究冶金反应过程方向及反应达到平衡时的条件，以及在不同条件下反应物能达到的最大产出率的科学。热力学三大定律，特别是热力学第二定律是冶金热力学的基础。化学反应的吉布斯自由能变化（ΔG）是判定反应在恒温、恒压条件下能否自发进行的依据。对于任何一个冶金反应，吉布斯自由能的变化可表示为：

$$\Delta G = G_{(产)} - G_{(反)} \qquad (3-1)$$

式中　$G_{(产)}$——产物的吉布斯自由能，J/mol；

$G_{(反)}$——反应物的吉布斯自由能，J/mol。

当 $\Delta G < 0$ 时，反应能自发地正向进行；当 $\Delta G > 0$ 时，反应自发地逆向进行；当 $\Delta G = 0$ 时，反应达到平衡。

化学反应时的温度、压力及反应物的活度（用以代替浓度）变化均能改变吉布斯自由能的变化特征，因此人们可以通过改变反应时的温度、压力、活度等条件使化学反应向希望的方向进行。

由于液体和气体相似，物质的分子运动状态相似，所以人们可以借用热力学中理想气体状态方程推导出钢的冶炼过程中温度、压力和体积间的关系式。理想气体状态方程如下：

$$V = RT/P \tag{3-2}$$

式中　V——体积，m^3；

　　　R——理想气体状态常数；

　　　T——温度，K；

　　　P——气体压力，Pa。

理想气体吉布斯自由能变化的基本方程式为：

$$\mathrm{d}G = V\mathrm{d}P - S\mathrm{d}T \tag{3-3}$$

式中　G——吉布斯自由能，J/mol；

　　　V——体积，m^3；

　　　P——气体压力，Pa；

　　　S——熵，J/(mol·K)；

　　　T——温度，K。

熵是一个状态函数，与组成溶液各原子间排列的有序程度有关，温度升高，溶液中原子的有序度减小，吉布斯自由能增加。

吉布斯自由能由溶液形成的"焓变量"和"熵变量"组成，即

$$\Delta G_m = \Delta H_m - T\Delta S_m$$
$$\Delta G_B = \Delta H_B - T\Delta S_B \tag{3-4}$$

式中　ΔH_m，ΔH_B——溶液和组分 B 的焓变量；

　　　ΔS_m，ΔS_B——溶液和组分 B 的熵变量。

"焓"与组成溶液各元素原子相互间的引力和斥力有关，也与溶质元素的浓度有关。

3.3　炼钢的动力学基础

利用冶金热力学原理能够确定冶金反应进行的可能性、方向和限度，但不能确定反应的速率，因而还要研究冶金动力学。冶金反应动力学可分为微观动力学和宏观动力学，前者从分子角度研究化学反应本身的机理和速率，后者在考虑流

体流动、传质、传热条件下，并考虑体系几何特征时反应机理和速率。

冶金反应属于多相反应，一般发生在各种相界面上，反应过程一般分三个环节：

(1) 反应物通过对流扩散到反应界面上；

(2) 在相界面上发生化学反应；

(3) 反应产物离开反应界面向相内扩散。

反应的总速率与上述三个环节各自的速率和其间的阻力有关。其中速率最慢或阻力最大的环节被称为"限制性环节"。当传质速率快于界面反应时，总反应速率取决于界面反应的动力学条件。当传质速率慢于界面反应速率时，传运到相界面的物质能全部转化为生成物，界面反应可以达到或接近化学平衡状态。

研究冶金反应动力学的目的就在于了解各种状态下的反应机理、限制性环节和影响反应速率的各种因素，以便于选择合适的反应条件（如反应温度、反应压力、改变组成相的浓度和通过对钢液的搅拌增加反应界面的面积等），以达到强化冶炼、提高生产效率的目的。

对于大多数化学反应，根据质量作用定律，以单位时间内浓度的变化代表反应速率，可表示为：

$$V = RC_A^a \cdot C_B^b \tag{3-5}$$

式中　C_A，C_B——A、B 组元的量浓度，mol/m^3；

　　　a，b——整数和分数，如 $\frac{1}{2}$、$\frac{1}{3}$、…；

　　　R——化学反应的速率常数，是温度和压力的函数，$(m^3/mol)^{n-1}/s$；

　　　n——反应级数（根据实验测定的整数或分数）。

对于化学反应的速率常数 R，可由阿累尼乌斯方程表示为：

$$R = R_0 e^{-E_0/(RT)} \tag{3-6}$$

式中　E_0——反应的活化能，它代表在完成一个化学反应进度中，使物质变为活化分子所需的平均能量，J/mol；

　　　R_0——频率因子，即当 $T \to \infty$ 时的 R；

　　　R——气体反应状态常数；

　　　T——反应温度，K。

E_0 值愈大，R 受温度的影响就愈强烈。活化能可以看作是一种化学反应中需要克服的"能障"。由以上可知，任一化学反应均是沿着能量降低的方向和能障最小的途径进行的。在炼钢的动力学讨论中，涉及分子的扩散及对流传质。"扩散"是指体系中的物质自由迁移，使浓度变得均匀的过程。它的驱动力是体系内存在各组元的浓度梯度，或化学势梯度。它促使组分从高浓度区向低浓度区迁移。在静止体系中称为"自扩散"。

在流体的体系中产生的扩散与静止体系中的扩散有所不同，它除了分子的"自扩散"外，还存在由于流体的分子集团的整体运动（对流运动）使其内部物质发生的迁移。

单位时间内，通过单位截面积的物质的量（mol）称为该物质的"扩散通量"，或称"传质速率"，其单位是 $mol/(m^2 \cdot s)$。

当单位时间内进入某扩散区域的物质通量等于其流出通量时，扩散层内没有物质的积累，称为稳定态的扩散过程。当单位时间内进入某扩散层的物质通量不等于其流出通量时，扩散层内的浓度会随时间和距离而改变，形成了特定的浓度场。

对于不同介质内扩散系数是不同的，在气体中由于存在对流，扩散系数的数量级为 10^{-5}，铁液中为 10^{-9}，熔渣内为 $10^{-11} \sim 10^{-10}$，固体金属中的扩散系数数量级为 $10^{-19} \sim 10^{-11}$。由此可见，固体条件下的扩散比液态下的扩散要慢得多。

在扩散速度较大的体系内，物质的扩散不但包含由浓度梯度引起的分子扩散，还包括流体流动引起的物质传输。扩散分子的运动和流体的对流运动同时发生，成为对流扩散。对流扩散系数比分子扩散系数要高出几个数量级。因此，在冶炼过程中加强对熔体的搅拌对于均匀温度和成分显得十分重要。

3.4 钢液的结构及钢中化学元素的影响

3.4.1 钢液的结构

钢液是以铁液为溶剂，其他化学元素为溶质的溶液。其他化学元素中有的来自于炼钢原料铁水、废钢、矿石，有的来自于为保证其使用性能而添加的铁合金，有的来自于周围介质。钢液的结构是指液态钢中金属原子或离子的排列状态，它取决于原子间引力和排斥力的综合作用。理想气体的原子排列是完全无序的，理想晶体则是完全有序的结构，而钢的液体介于气体和晶体之间。温度对钢液的结构影响很大，低温下（接近熔点）钢液的结构接近于晶体，而在接近临界点的高温下，钢液的结构接近于气体。

金属原子结合成晶体时，其外层价电子为整个晶体所共有，因此金属键是金属离子和其间运动着的价电子间结合力的具体体现。这种共有化的价电子不再与任何离子结合，所以金属键没有方向性和饱和性，同时这些金属离子也不相互排斥形成单独的离子，所以一般可把金属晶体视为中性原子所构成的混合体。

晶体中原子在空间的排列称为晶格。晶体中原子的排列具有"远程有序"的特性，即在三维方向上，以一定距离呈现出周期重复的有序排列。构成晶格的原子分布在晶格的节点上，并在这些平衡位置上做微小的振动。位于某原子周围最近而距离相等的原子数称为配位数。铁的原子半径为 0.126nm，在 912℃ 出现 $\alpha - Fe \rightarrow \gamma - Fe$ 的晶型转变，1394℃ 出现 $\gamma - Fe \rightarrow \delta - Fe$ 的转变。其中 $\alpha - Fe$ 和

δ－Fe 是体心立方晶格，配位数是 8，γ－Fe 是面心立方晶格，配位数是 12，故 γ－Fe 的密度比 α－Fe、δ－Fe 大。

当有其他固体原子溶入某种固体时，称为"固溶体"。其中置换型溶体是各组分的原子在晶格节点处互相置换。此时置换的异种原子半径差别不能很大，而间隙式固溶体是组分的原子占据了本体晶格中的空隙位，此时两种原子的半径可以相差很大。两种或两种以上的金属元素以简单的比例还可以形成有新性质的化合物，称为"金属间化合物"。当它们的原子价数之和对原子数之比相同时，晶型结构则相同。

液体中原子的热运动会引起原子在其平衡位置周围做不规则的振动，但这种平衡位置与固体不同，不是严格固定在晶体中的某一位置，而是随时间不断地在改变其坐标，而且相邻原子的位置也不固定，可以相互交换位置，这种结构叫做"短程有序结构"，也称"群聚团"。

在以铁为溶剂的二元系合金中，仅考虑了溶质元素和溶剂的相互作用，但当溶质元素为两种以上时还要考虑两种以上溶质元素之间的交互作用。因此，每个组分的活度系数会因其他组分的存在而发生改变。例如，在 Fe－C 系中 Si 能提高 C 的活度，而 Cr 则能降低 C 的活度。铁液中如还有其他元素如 Mn、P、S 等存在时，C 的活度将有更复杂的变化。

3.4.2 钢内各化学元素的作用

3.4.2.1 过渡元素的影响

铁液中如存在过渡族元素，如 Mn、Ni、Co、Cr、Mo 等，由于这些元素可以在铁液内无限溶解，而使熔体的电子密度发生变化，使原子间的键的特性发生改变，过渡族元素成为阳离子，具有金属键的特性。它们在高温下的晶格与 δ－Fe 的晶格大致相同，而且它们的原子半径与 Fe 的原子半径相差很小，所以能和 Fe 无限互溶，以阳离子的金属键结构，形成置换式溶液。这种溶液的物性可以由纯金属的物性加和求得。铁液中的上述元素常以铁合金方式加入钢内，可提高钢的强度、冲击韧性或耐蚀性。

3.4.2.2 碳的影响

碳主要来自炼钢原料生铁，是钢的主要强化元素，可提高钢的强度和硬度。碳能与铁液形成饱和溶液，并吸收 23kJ/mol 的热量，说明 Fe－C 原子间有一定的键能存在。碳原子溶于铁液中时能放出价电子，成为 C^{4+} 离子，它会向铁原子的外层电子层 3d 带内转移，与铁原子外层的 4 个电子形成 Fe_xC 型群聚团，但由于碳离子半径与铁离子半径之比很小，所以 C^{4+} 是位于铁原子形成的八面体或四面体的空隙内，成为间隙式固溶体。在 $w[C]<3.65\%$ 时，铁液中可能形成 Fe_3C 或 Fe_4C 的群聚团，而在碳浓度很高时可能形成 FeC 群聚团，它能降低钢的韧性，

增加脆性，其内还可能有石墨析出。

3.4.2.3 硅的影响

硅由炼钢生铁和矿石、造渣剂、铁合金等带入钢内。硅能提高钢的强度，含硅高的钢种有良好的磁性，可制成硅钢片。硅能与铁液中的铁原子形成共价键分数很高的 Fe_3Si、$FeSi$、$FeSi_2$ 群聚团。硅还能与铁液中过渡族元素（V、Cr、Mn、Ni 等）形成类似的群聚团。此外，硅还能降低铁液中碳的溶解度，促进 Fe_xC 群聚团的分解。

3.4.2.4 氢、氮的影响

氢来自大气和各种炉料、耐火材料中的水分，氮来自大气。它们能溶解于铁液中，但其溶解度很小，因此以 10^{-4}% 表示其质量分数，称为"ppm"。在一定温度下，H_2、N_2 这种双原子气体在铁液中的溶解度与它们的气体分压的平方根成正比。研究表明，[H] 和 [N] 在铁液中是以单原子方式溶解。氢溶于铁液中时放出电子形成金属键，成为带正电荷的离子，它的半径很小（约 0.5×10^{-15}m），所以存在于铁原子间形成间隙式溶液。氮溶于铁液中，以 N^{3+} 或 N^{5+} 的离子形式存在。其离子半径 $r_{N^{5+}} = 0.25 \times 10^{-10}$m，氮离子也位于铁原子间，形成间隙式溶液。氢和氮在不同晶型中的溶解度不同，在 $\alpha - Fe$ 和 $\delta - Fe$ 中溶解度较小，在 $\gamma - Fe$ 中溶解度较大。铁液中其他组元对氢和氮的溶解度均有影响。具体可见图3-5、图3-6。

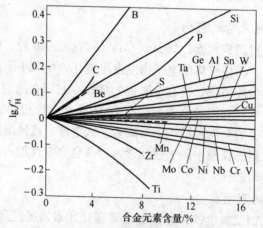

图 3-5 合金元素对氢在铁液中溶解度
的影响（1873K，100kPa）

由于铁结晶时，氢和氮的溶解度强烈降低，氢重新由铁液和结晶中析出变成氢分子，并集中在晶体缺陷（微孔）中，在其后的压力加工中，由于微孔被压实，使其中的氢气产生很高的压力（100×10^6Pa），使钢中产生微裂纹，并引起"氢脆"和应力腐蚀。

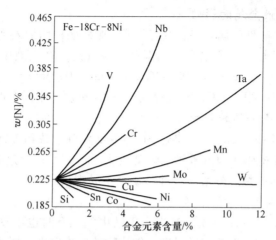

图 3 - 6 合金元素对氮在铁液中溶解度
的影响（1873K，100kPa）

氮虽然对少数钢种（特别是耐磨钢）是有益元素，但对于一般钢种而言，它能降低其塑性，提高硬度和脆性，所以又是有害元素。这是由于当钢中不含能产生氮化物的元素时，α - Fe 形成后，在温度下降时会析出细而分散的 Fe_2N、Fe_4N，它们位于晶界上会阻止位错的移动，从而提高钢的硬度和强度，降低断面收缩率和冲击韧性。

3.4.2.5 氧的影响

氧来自冶炼过程中的空气和吹入钢液内的氧气，也有少量来自炉衬、炉渣等耐火和造渣材料。氧在铁液中的溶解度很小，其质量分数为 0.10% ~ 0.23%。氧和铁原子间有很强的结合键，而以单原子溶解的氧在铁液中吸收电子形成 O^{2-} 离子，与 Fe^{2+} 形成 $Fe^{2+} \cdot O^{2-}$ 或 FeO 群聚团，随着氧浓度的增加，键达到饱和时，FeO 在晶界上以液相析出，破坏了晶粒间的结合，造成"热脆"。

3.4.2.6 硫的影响

硫主要来自铁水和矿石。硫在铁液中可与铁无限互溶，形成 S^{2-} 离子，与 Fe^{2+} 离子作用形成 FeS 的群聚团。虽然硫和铁在铁液中可以无限互溶，但硫在固体铁中溶解度却很小（如在 γ - Fe 中可溶解的 $w[S] = 0.15\%$），而在 Fe - FeS 中，共晶温度为 988℃时，其仅为 0.013%。因此，含硫高的钢在热加工时出现"热脆"现象。此时，低熔点的 Fe - FeS 共晶体的液态出现在晶界上，破坏了晶间结合力。

3.4.2.7 磷的影响

磷主要来自铁水和矿石，在铁液中形成 Fe_2P 的群聚团。磷在铁液中溶解度很大，但在固体铁中的溶解度却很小，特别是温度低时易在晶界上析出，出现"冷脆"现象。

3.4.2.8 碱性金属的影响

钙、钡、镁等碱性金属是以脱氧、脱磷、脱硫的作用加入到铁液中的，因它们的熔点和沸点都较低，所以在炼钢温度下呈气态，在铁液中的溶解度都很低（如 $w[Ba] = 0.013\%$，$w[Ca] = 0.032\%$，$w[Mg] = 0.056\%$，$w[Sr] = 0.076\%$），所以对钢的性能影响很小。C、Si 能提高 Ca 的溶解度，形成 CaC_2、$CaSi$。

3.4.2.9 有色金属的影响

有色金属元素 Cu、Sn、As、Pb、Sb 等主要来自生铁和废钢，炼钢过程中不能氧化去除，少量的铜可以改善钢的耐腐蚀性，但 $w[Cu]$ 超过 0.7% 以后就会使钢产生热脆和表面龟裂。As 使钢产生冷脆，不易焊接。

3.4.2.10 微量元素的影响

钒和钛是冶炼钒、钛磁铁矿时进入生铁中的，有时也以铁合金方式加入钢中，铌也是如此。它们在钢中常以碳、氮化物的形式出现，属于微量元素。它们在固体铁中析出时可以起到细晶强化和析出强化的作用；但当它们在钢的冷却过程中，在晶界集中析出时，在热加工中可能造成钢材表面裂纹。

3.5 钢液与炉渣的物理化学性质

3.5.1 钢的物理性质

3.5.1.1 钢液的密度

钢液的密度是指单位体积钢液所具有的质量，单位为 kg/m^3。它是钢液的一个重要性质，对于研究钢液结构、黏度、表面张力及其与夹杂物、熔渣间的分离过程具有重要意义。影响钢液密度的因素主要是温度和钢液的化学成分。钢中 W、Mo 能提高铁液密度，Al、Si、Mn、S、P 能降低铁液密度，Ni、Co、Cr 的影响较小，而 C 对铁液的密度影响较为复杂。总体而言，温度升高，原子间距增大，钢液密度降低。可用如下经验公式计算钢液密度：

$$\rho_{1600} = \rho_{1600}^0 - 210w[C] - 164w[Al] - 60w[Si] - 55w[Cr] - $$
$$7.5w[Mn] + 43w[W] + 6w[Ni] \tag{3-7}$$

式中 ρ_{1600}^0 ——纯铁液在 1600℃ 时的密度，kg/m^3；

$w[\ ]$ ——各元素百分含量，元素含量适用范围 $w[C] < 1.7\%$，其余元素含量在 18% 以下。

3.5.1.2 钢液的黏度

黏度是指以不同速度运动的液体各层之间所产生的内摩擦力。它是一种切应力，与流体层间的速度梯度和作用面积有关，是钢液的另一重要性质，对确定冶炼温度参数、非金属夹杂物和气体的上浮去除以及钢的凝固均有很大影响。黏度有两种表达形式，一种为动力黏度，用符号 μ 表示，$Pa \cdot s(N \cdot s/m^2)$；另一种为运动黏度，用符号 ν 表示，m^2/s，即 $\nu = \mu/\rho$。1600℃ 时钢液的动力黏度为

0.002 ~ 0.003Pa·s。影响钢液黏度的主要因素为其温度和成分。温度升高，黏度降低。Si、Mn、Ni、Cr、P、C 等含量增加，钢液黏度降低；Ti、W、V、Mo、Cr 等含量增加，钢液黏度增加。钢中非金属夹杂物如 Al_2O_3、SiO_2、Cr_2O_3 等含量增加，钢液黏度增加。

3.5.1.3 钢的熔点

钢的熔点是指钢完全转变成均一液体状态时的温度，它是确定冶炼和浇注温度的重要参数。它与钢中溶质元素含量密切相关，化学纯铁的熔点为 1811K，而其他元素溶于铁液时均使其熔点降低。常用如下经验公式计算熔点。

$$t_{熔} = 1536 - 78w[C] - 7.6w[Si] - 4.9w[Mn] - 34w[P] -$$
$$30w[S] - 5.0w[Cu] - 3.1w[Ni] - 1.3w[Cr] -$$
$$3.6w[Al] - 2.0w[Mo] - 2.0w[V] - 18w[Ti] \qquad (3-8)$$

或

$$t_{熔} = 1538 - 90w[C] - 6.2w[Si] - 1.7w[Mn] - 28w[P] -$$
$$40w[S] - 2.6w[Cu] - 2.9w[Ni] - 1.8w[Cr] -$$
$$5.1w[Al] - 1.5w[Mo] - 1.3w[V] - 17w[Ti] -$$
$$1.7w[Co] - 1.0w[W] - 1300w[H] - 90w[N] -$$
$$100w[B] - 65w[O] - 5w[Cl] - 14w[As] \qquad (3-9)$$

式中　$w[C]$ ——钢液中碳的质量分数，其余类推。

3.5.1.4 钢液的电阻率

纯铁液的电阻率是研究冶炼的电磁输送、电磁搅拌和感应加热的有用数据。从熔点到 1660℃的温度范围内，纯铁液的电阻率为 $1.123 + 0.00154t(\mu\Omega\cdot m)$。它随着碳、硅含量的增加而增大，而铝、铜则能减低其电阻率，见图 3-7。

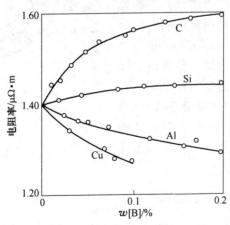

图 3-7　加入元素对纯铁液电阻率的影响

3.5.1.5 钢液的表面张力

钢液因其分子或原子间较强的吸引力使得钢液表面产生向内缩小倾向的力，

称为钢液的表面张力，表面张力的单位是 N/m。它对于钢液中气泡的产生、结晶核心的形成、夹杂物的去除、渣与钢的分离等均有重要影响。影响钢液表面张力的因素主要有温度、钢液成分及钢液的接触物。温度升高，表面张力减小。溶质元素对纯铁液表面张力的影响程度取决于它的性质与铁的差别大小，如果溶质元素的性质与铁相近，则对纯铁液的表面张力影响较小，反之就较大。O、S、N、Mn 能强烈地降低表面张力，Si、Cr、C、P 的表面活性不高，而 Ti、V、Mo 是非表面活性元素，它们能提高表面张力。C 对铁液的表面张力有比较复杂的影响，在 $w[C] = 0.4\%$ 左右时呈现最大值。

3.5.1.6 钢液的扩散能力

铁液及其合金中各元素的扩散系数是一个与反应动力学有关的重要参数。钢中合金元素的原子半径愈小，其扩散阻力愈小，扩散系数就愈大。钢液的黏度愈大，扩散系数愈小。铁液中元素的扩散系数在 1873K 时接近 $10^{-9} m^2/s$，Mn、Cr、Si 的扩散系数分别为 $0.3 \times 10^{-9} m^2/s$、$0.9 \times 10^{-9} m^2/s$、$2.4 \times 10^{-9} m^2/s$。

3.5.1.7 钢的导热系数

通常用钢的导热系数来衡量钢的导热能力，即当体系内维持单位温度梯度时，在单位时间内流经单位面积的热量，常用符号 λ 表示，量纲为 $W/(m \cdot ℃)$。影响导热系数的因素主要有钢液的成分、组织、温度、非金属夹杂物含量以及钢中晶粒的细化程度等。一般而言，钢中合金元素越多，钢的导热能力越低。合金钢的导热能力一般比碳钢低，高碳钢的导热能力比低碳钢低。含珠光体、铁素体和马氏体的钢在加热时，导热能力一般会降低，但在临界点 A_{c3} 以上加热时，导热能力将增加。各种钢的导热系数随温度变化规律有所不同。800℃以下，温度升高，碳钢的导热系数降低；800℃以上，随温度升高，碳钢导热系数升高。图 3-8 给出了钢的导热系数与其碳含量的关系。

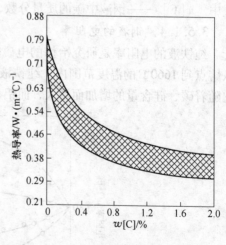

图 3-8 钢的导热系数与碳含量的关系

3.5.2 炉渣的成分和物理化学性质

根据冶炼过程目的不同，炉渣可分为两类：

（1）以矿石或精矿为原料进行还原熔炼时，有未被还原的氧化物和溶剂形成的还原渣（如高炉渣）。在炼钢过程中由于合金元素被氧化和耐火材料被冲刷而形成的氧化渣（如炼钢渣）。

（2）按炉渣所起的作用而采用的各种造渣原料预先配制的合成渣（如电渣重熔用渣和炉外精炼用渣、浇注钢锭或连铸坯时用的保护渣）。

3.5.2.1 炉渣的成分

炉渣的成分决定了炉渣的物理化学性质。在钢液冶炼过程中，必须严格控制好炉内熔渣的物理化学性质，它对于炼钢过程顺利进行具有重要作用。因此，造好渣是炼钢的重要条件。炉渣主要是由不同数量的碱性氧化物、酸性氧化物和中性氧化物组成，它们的酸碱性强弱程度排序如下：

$$CaO > MnO > FeO > MgO > CaF_2 > Fe_2O_3 > Al_2O_3 > TiO_2 > SiO_2 > P_2O_5$$

$$\leftarrow \quad 碱性 \qquad 中性 \qquad 酸性 \qquad \rightarrow$$

炼钢过程中炉渣一般多为 $CaO - SiO_2 - Al_2O_3$ 三元渣系和 $CaO - SiO_2 - FeO$ 三元渣系，并在此基础上加入 MgO 和 CaF_2 等物质来调整渣系的性质。三元渣系的相组成及其变化可用三元相图表示（见图3-9）。

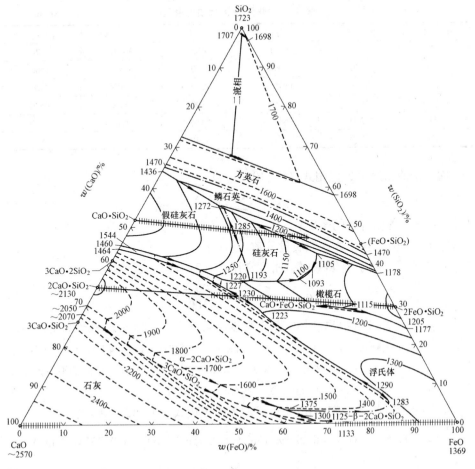

图 3-9 $CaO - SiO_2 - FeO$ 三元相图

炉渣具有如下有益作用：

（1）为钢液保温，防止钢液吸气和二次氧化，减少有益元素烧损；

（2）控制钢液的氧化还原反应，去除钢液中的硫、磷等有害元素；

（3）吸收钢液中上浮的夹杂物。

炉渣也有不利作用：

（1）侵蚀耐火材料，降低炉衬寿命；

（2）炉渣内夹带小颗粒金属和未被还原的金属氧化物，降低金属收得率。

3.5.2.2 炉渣的物理性质

A 炉渣的密度

炉渣的密度在 $(2.8 \sim 3.2) \times 10^3 \mathrm{kg/m^3}$，它与渣的温度及渣中氧化物的种类有关。炉渣的密度决定了炉渣所占据的体积和钢液液滴在渣中的沉降速度。表 3 - 1 列出了一些工业上常用炉渣中的化合物密度。

表 3 - 1 炉渣中化合物的密度 （kg/m³）

化合物	密 度	化合物	密 度	化合物	密 度
Al_2O_3	3970	MnO	5400	V_2O_3	4870
Na_2O	2270	P_2O_5	2390	ZrO_2	5560
CaO	3320	Fe_2O_3	5200	CaF_2	2800
CeO_2	7130	FeO	5900	FeS	4580
Cr_2O_3	5210	SiO_2	2320	CaS	2800
MgO	3500	TiO_2	4240		

固体炉渣密度可近似用式（3 - 10）计算：

$$\rho_渣 = \sum \rho_i w(i) \tag{3 - 10}$$

式中 ρ_i——各化合物的密度；

$w(i)$——渣中各化合物的质量分数。

炉渣的温度高于 1400℃时，密度常用式（3 - 11）表示：

$$\rho_渣 = \rho_渣^0 + 70\left(\frac{1400 - t}{100}\right) \tag{3 - 11}$$

式中 $\rho_渣$——高于 1400℃时炉渣的密度，kg/m³，一般液态碱性渣的密度为 3000kg/m³，固态碱性渣的密度为 3500kg/m³，$w(FeO) > 40\%$ 的高氧化性渣的密度为 4000kg/m³，酸性渣的密度一般为 3000kg/m³；

$\rho_渣^0$——炉渣 1400℃时的密度，kg/m³。

1400℃时的炉渣的密度 $\rho_渣^0$ 与组成的关系可用式（3 - 12）表示：

$$\frac{1}{\rho_渣^0} = [0.45w(SiO_2) + 0.286w(CaO) + 0.35w(Fe_2O_3) + 0.237w(MnO) +$$

$$0.367w(MgO) + 0.48w(P_2O_5) + 0.402w(Al_2O_3)] \times 10^{-3} \tag{3 - 12}$$

式中　$w[\ ]$——各氧化物的百分含量。

B　炉渣的熔点

炉渣的熔点，是指炉渣由固态转变为均匀液态时的温度或炉渣由均匀液态开始析出固态成分时的温度。钢液冶炼过程对炉渣熔点也提出了严格要求，一般要求低于所炼钢种熔点 50~200℃。炉渣的凝固温度及熔化温度与炉渣成分有关，一般炉渣中高熔点成分多时的熔化温度较高。表 3-2 列出了几种炉渣中常见的化合物熔点。工业上可用渣的淬火法或加热时的半球点法来测定渣的熔点。渣的熔点可用在渣中加入助熔剂来降低，例如在 CaO-SiO$_2$ 渣系中加入 CaF$_2$、Na$_2$O、FeO 等。另外，CaF$_2$ 还能分别与 CaO、MgO、Al$_2$O$_3$ 等高熔点氧化物生成低熔点的共晶体，从而使其熔点降低。

表 3-2　炉渣中常见的化合物熔点

氧化物	CaO	MgO	SiO$_2$	FeO	Fe$_2$O$_3$	MnO	Al$_2$O$_3$	CaF$_2$
熔点/℃	2570	2800	1710	1370	1457	1785	2050	1418
复合化合物	CaO·SiO$_2$	2CaO·SiO$_2$	2FeO·SiO$_2$	MnO·SiO$_2$	MgO·SiO$_2$	MgO·Al$_2$O$_3$	CaO·FeO·SiO$_2$	3CaO·P$_2$O$_5$
熔点/℃	1540	2130	1217	1285	1557	2135	1400	1800

C　炉渣的黏度

炉渣黏度对于元素的扩散、渣钢反应、气体逸出、热量传递和炉衬寿命等均有很大影响。影响炉渣黏度的主要因素有炉渣的成分、炉渣中固体质点含量和温度。熔渣的黏度为 0.1~10Pa·s，比金属溶液高两个数量级。

温度上升则熔渣的黏度下降，而在一定温度条件下，凡是能降低炉渣熔点的成分均可以降低黏度，反之则使炉渣黏度增加。炉渣中往往悬浮着石灰、氧化镁、3CaO·P$_2$O$_5$ 等固体质点，数量多时可以增加炉渣黏度。而温度对于炉渣黏度的影响还与其酸碱性有关。酸性渣中聚合的 Si-O 离子键易被破坏，黏度随温度升高而下降；碱性渣中的固体颗粒随温度升高而易于熔化，黏度也降低。CaF$_2$ 在调整炉渣黏度上有改善作用。另外，CaO、MgO、Na$_2$O、FeO 等在调整低碱度熔渣时也均有较大作用。表 3-3 列出了炉渣在不同温度时的黏度值。

表 3-3　炉渣在不同温度时的黏度值

物质	温度/℃	黏度/Pa·s	物质	温度/℃	黏度/Pa·s
稠炉渣	1595	0.2	FeO	1400	0.03
中等黏度渣	1595	0.02	SiO$_2$	1942	1.5×10^4
稀炉渣	1595	0.002	Al$_2$O$_3$	2100	0.05
CaO	2580	<0.05			

D　炉渣的界面张力

两凝聚相接触时，相界面上出现的张力称为界面张力。它对于渣 - 钢反应、气体逸出等冶金反应具有较大影响。炉渣与钢液接触时，其间的张力示意如图 3 - 10 所示。

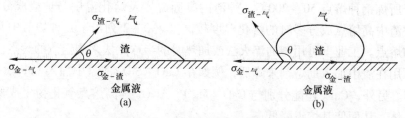

图 3 - 10　渣 - 钢 - 气界面示意图

在平衡状态下，炉渣的表面张力 $\sigma_{渣-气}$ 方向与钢液接触面间的夹角 θ 称为润湿角，可用其衡量炉渣与钢液间的润湿程度。渣 - 钢间界面张力越大，θ 角越大，渣 - 钢间润湿越差，渣、钢分离越好，夹杂物越易上浮和去除，但不利于钢液冶炼过程中一些化学反应效果。炉渣 - 炉衬间界面张力越大，有利于减轻炉渣对炉衬的侵蚀。炉渣的表面张力主要取决于其中氧化物表面的氧离子 O^{2-} 和临近阳离子的作用力。因此，形成氧化物的阳离子静电势愈大，而离子键分数又高的氧化物表面张力也愈大。能使熔体表面张力降低的物质被称为表面活性物质，如 SiO_2、TiO_2、CaF_2、P_2O_5、Fe_2O_3、Na_2O 等。而温度对渣的表面张力影响不大。

3.5.2.3　炉渣的化学性质

A　炉渣的氧化性

炉渣的氧化性是指在一定温度下，单位时间内炉渣向钢液供氧的数量。在其他条件一定的情况下，炉渣的氧化性决定了脱磷、脱碳以及夹杂物的去除程度等。由于氧化物分解压不同，只有（FeO）和（Fe_2O_3）才能向钢中传氧，而（Al_2O_3）、（SiO_2）、（MgO）、（CaO）等不能传氧。炉渣的氧化性在炼钢过程中的影响主要体现在渣中 FeO 可以促进石灰溶解、改善炼钢反应动力学条件、加速传质过程、提高金属收得率，但降低炉衬寿命。

B　炉渣的还原性

在平衡态条件下，炉渣的还原性主要取决于渣中的 FeO 含量和碱度，所谓"碱度"是指渣中 CaO 与 SiO_2 含量之比。在碱性电弧炉操作中，要求炉渣具有高碱度、低氧化性、流动性好的特点，以达到钢液脱氧、脱硫和降低合金元素烧损的目的。所以应降低渣中的 FeO 含量，提高渣的还原性。电弧炉还原期出钢时，一般要求渣中的 FeO 质量分数小于 0.5%，以满足出钢时对渣还原性的要求。

C　炉渣的导电性

在用电冶炼和钢锭的电磁补缩时，炉渣的导电性直接影响到供电设备的供电制度和电耗。炉渣的导电性是其中离子在外电场作用下向一定方向传输电量的性质。但过渡金属的某些低价氧化物，如 FeO、MnO 及 FeS，高价氧化物如 TiO_2 等非化学计量化合物，则具有较大的电子导电能力，所以含有这些化合物的炉渣则是化合物的电子 – 离子共同导电的混合导体。温度升高，电子的导电作用减小，而离子的导电作用则加强。离子的浓度愈大，则其传送的电量就愈大。电导率与黏度成反比，炉渣的电导率随 FeO、MnO 增加而增大，加入 CaF_2 能提高熔渣的电导率。

3.6　钢液冶炼过程的基本反应

3.6.1　脱碳反应

　　钢液的脱碳反应实际上是钢液中碳的氧化过程，最终生成 CO 或 CO_2 气体并去除。脱碳过程产生的气体造成熔池"沸腾"现象，不但可以均匀熔池温度和成分，还可以加速金属液的传热和传质过程的进行。除此以外，脱碳反应还具有增大渣 – 金属液界面和促进夹杂和有害气体的上浮和去除的作用。需要说明的是，钢液中 C 的氧化产物绝大多数是 CO 而不是 CO_2。因为当熔池中 C 含量高时，CO_2 也是 C 的氧化剂，其产物也是 CO。

　　熔池中脱碳反应式（[C]+[O]==CO）的平衡常数为：

$$K_p = \frac{p_{CO}}{a_{[C]} \cdot a_{[O]}} \qquad (3-13)$$

式中　　p_{CO}——一氧化碳的分压；

　　$a_{[C]}$，$a_{[O]}$——碳和氧的活度。

　　当达到平衡时，碳和氧的浓度间具有等边双曲线函数关系（如图 3 – 11 所示）。碳和氧的浓度是相互制约的，即熔池中含氧量主要决定于含碳量。在实际

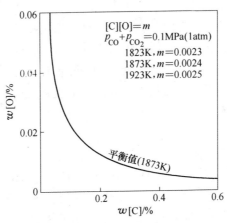

图 3 – 11　炼钢熔池内含碳量与含氧量的关系

炼钢过程中，熔池含氧量都高于相应理论值，即 $w([O])_{实际} > w([O])_{平衡}$，这说明熔池中存在过剩氧，且与脱碳速度有关。脱碳速率大，则反应越接近于平衡，过剩氧越少；反之，差值就越大。另外，增大 $w([C])$、$w([O])$ 浓度或降低一氧化碳分压 p_{CO} 有利于碳 - 氧反应的进行。

实际上，炼钢过程中熔池 $w([C])$ 和 $w([O])$ 基本上保持着反比关系，$w([C])$ 高则 $w([O])$ 低，这也是 $w([C])$ 高时为提高脱碳速率而增加供氧量却不会增加熔池的 $w([O])$ 的缘故，而 $w([C])$ 低时，$w([O])$ 与渣中 a_{FeO}（FeO 的活度）和熔池温度等因素有关。脱碳速率决定于供氧方式和金属与氧的接触面积的大小，这也是氧气顶吹转炉的脱碳速率远高于电炉的缘故。

3.6.2 硅、锰的氧化还原反应

用于钢液冶炼的原料（废钢、铁水等）中含有或多或少的硅和锰，再加上某些钢种需要另外加入 Si、Mn 合金，Si、Mn 是其中的主要化学元素。钢锭成分对硅、锰的含量有严格的要求，因此硅、锰的氧化和还原反应是钢液冶炼过程中的基本反应。影响硅、锰的氧化和还原反应的因素有温度、炉渣成分（炉渣碱度和 FeO 活度）、金属液成分和炉气氧分压。

硅的氧化反应是强放热反应，可以为炼钢过程提供大量热源，锰的氧化反应也是放热反应，但不是吹氧炼钢的主要热源。熔池温度越高，反应的平衡常数越低，不利于硅、锰的氧化。炉渣氧化性越强，越有利于硅、锰的氧化。凡是能提高硅、锰的活度系数的因素均有利于硅、锰的氧化。另外，炉气氧分压越高，越有利于硅、锰的氧化。当熔池温度升高到一定程度以后，渣 - 金属液界面和炼钢炉衬等可提供 CO 气泡核心产生的条件时，硅、锰的氧化物即可被 [C] 还原。

3.6.3 脱硫反应

脱硫可分为炉外脱流和炉内脱硫两种。近年来，随着炼钢技术的发展以及生产低硫钢的需要，要求进一步降低入炉铁水的硫含量，因此铁水预处理也就成为钢铁冶炼不可缺少的一个环节。铁水预脱硫剂有苏打（Na_2CO_3）、石灰粉、CaC_2、金属镁、氰化钙等。以石灰为主要成分的复合脱硫剂，有时也采用钙合金或稀土合金做炉外脱硫剂。铁水预脱硫、磷一般在铁水罐内进行，铁水脱硫、磷后应进行扒渣。

冶炼时炉渣脱硫反应如式（3 - 14）所示：

$$[FeS] + (CaO) = (FeO) + (CaS) \tag{3 - 14}$$

影响炉渣脱硫的因素主要有炉渣成分与渣量、渣 - 金属液界面积、熔池温度、炉渣黏度。由式（3 - 14）可知，炉渣碱度高和渣中（FeO）含量低有利于脱硫反应进行；采用搅拌增大渣 - 金属液界面积也有利于脱硫反应的进行；熔池

温度升高可以促进石灰的渣化和炉渣的流动性，故也可促进脱硫反应的进行。保证炉渣的渣量并具有良好流动性也很重要，否则易降低（CaS）的扩散速度，尤其是感应炉炉渣温度低于钢液，更应当选择熔点和流动性合适的炉渣，以达到良好的脱硫效果。通常可用萤石或少量黏土砖碎块来调整炉渣的流动性。

3.6.4 脱磷反应

脱磷方法有氧化脱磷和还原脱磷，目前以氧化脱磷为主。脱磷的化学反应式为：

$$2[P] + 8[O] \longrightarrow (3FeO \cdot P_2O_5) + 5[Fe] \qquad (3-15)$$

或 $\qquad 2[P] + 8[O] + 3[Fe] \overline{\underline{\qquad\qquad}} (3FeO \cdot P_2O_5) \qquad (3-16)$

但（$3FeO \cdot P_2O_5$）的稳定性较差，在高温下很难稳定存在，必须将其转化为其他强碱性氧化物磷酸盐，如 $3CaO \cdot P_2O_5$、$3MgO \cdot P_2O_5$、$3BaO \cdot P_2O_5$ 等。影响脱磷反应的因素主要有炉渣成分及渣量、熔池温度、金属液成分。高碱度、高（FeO）炉渣有利于脱磷反应进行。炉渣碱度由炼钢过程中加入的石灰石等含有 CaO 的材料来调节。但是碱度并非越高越好，加入过多的石灰则化渣不好，炉渣黏度增加会影响其流动性，对脱磷反而不利。增加渣量即可稀释（P_2O_5）的浓度，从而使 $4CaO \cdot P_2O_5$ 浓度也相应减小。所以多次换渣操作是脱磷的有效措施，但同时也损失了一定量的金属和热量。脱磷是强放热反应，从热力学角度而言，低温更利于脱磷，但是温度不足又难以形成液态渣。因此，必须保证炉渣具有一定碱度和流动性的前提下，相对较低的熔池温度才能有效脱磷。另外，钢液中含有较多 [O]，与氧结合能力高的元素含量较低有利于脱磷反应的进行。应当指出的是：炉渣和金属间的化学反应在一定条件下是可逆的，因此应控制好反应条件，防止"回磷"和"回硫"。

3.7 钢液中氧的来源和脱氧反应

3.7.1 钢中氧的来源

钢液中氧的来源主要包括：冶炼时直接吹入的工业纯氧、冶炼时加入的富铁矿和炉气中氧的传入。其中，冶炼时吹入钢液中的气态氧一部分溶入金属（标记为 [O]），一部分与钢内其他化学元素反应，生成各种氧化物夹杂，还有一部分则以 FeO 形式进入炉渣。一般将钢中的溶解氧与钢中的氧化物含氧量，合称为"全氧量"。

钢液中元素氧化次序取决于与氧的亲和力的大小。但是在钢液温度不同时元素的氧化顺序亦有不同，基本顺序为：1400℃ 以下时的元素的氧化顺序为 Si > V > Mn > C > P > Fe；1530℃ 以上时的元素氧化顺序为 C > Si > V > Mn > P > Fe；介于二者温度之间时的元素氧化顺序为 Si > C > V > Mn > P > Fe。

3.7.2 钢中氧的作用和危害

溶解于钢液中的 [O] 会在钢的浇注、凝固过程中析出，继续与钢内各元素作用。当与 [C] 作用时产生 CO 气泡，使未完全脱氧的钢在凝固过程中产生沸腾，从而生产沸腾钢。而对镇静钢来说，如果脱氧不足，残存的 CO 气泡会造成镇静钢锭内的气泡。[O] 与其他合金元素继续作用，则造成钢锭的"内生夹杂"。钢锭内的 [O] 还会使 [S] 的有害作用增加，FeO 和 FeS 可生成熔点仅为940℃的低熔点共晶，使钢在热加工时产生"热脆"。因此，除沸腾钢外，镇静钢锭在浇注前必须充分脱氧。

氧在铁液中的溶解过程可写为：

$$(FeO) \rightleftharpoons [O] + Fe \tag{3-17}$$

式中 (FeO)——渣中的氧化亚铁。

在 1519 ~ 1700℃温度范围内，氧在铁液中的溶解度接近于直线关系，如图 3-12 所示。

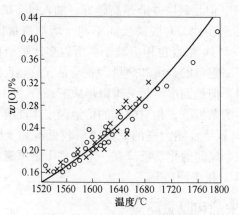

图 3-12 氧在铁液中的溶解度

3.7.3 脱氧方法

钢液脱氧的方法有"沉淀脱氧"和"扩散脱氧"两种。所谓沉淀脱氧，是指向钢液中加入对氧亲和力比铁大的元素，以夺取溶解在钢液中的 [O]，并生成不溶于钢液中的氧化物或复合氧化物而排入熔渣中，其脱氧反应为：

$$x[Me] + y[O] \rightleftharpoons (Me_xO_y) \tag{3-18}$$

式中 [Me]——加入的脱氧元素；

(Me_xO_y)——脱氧生成物。

沉淀脱氧常用的元素为 Mn、Si、Al，常以铁合金或纯金属的方式直接加入钢液中。

"扩散脱氧"是用脱氧剂加在钢液中的渣面上，通过熔渣中的扩散和化学反应，使钢中的氧向渣中聚集，从而间接地脱去钢中的氧。例如向渣中加入一定量的炭粉、硅钙粉或铝粉等脱氧剂，降低渣中（FeO）的含量，破坏钢—渣间的平衡，从而使钢中的氧向渣中转移。采用扩散脱氧的优点是钢液不会被脱氧产物所污染，缺点是脱氧过程慢，还原时间长。

脱氧还可分为各脱氧元素单独脱氧和各元素复合脱氧两种。

3.7.3.1 单独脱氧

单独脱氧时，要选择与氧亲和力比与铁亲和力大的元素，并事先制成低熔点的合金，以加快脱氧合金的溶解速度。同时反应过程中脱氧产物在钢液中的溶解度应尽可能的小，以便于从钢液内浮出。

脱氧元素的脱氧能力是指"在一定温度下，和一定浓度的脱氧元素成平衡关系的钢中溶解氧含量"。与一定浓度的脱氧元素平衡的氧含量越低，这种元素的脱氧能力就愈强。因此，Zr、C、Al、Ti、B、Si、V、Cr、Mn的脱氧能力依次降低。但实际上该顺序还要受到脱氧元素实际浓度的影响。在1600℃，脱氧元素含量为0.2%时，脱氧能力按以下顺序增强：Cr、Mn、V、P、Si、C、Al、Ti。当氧元素浓度很高时，由于会降低氧的活度系数，妨碍了脱氧反应的进行，反而使脱氧效果变差。

[Mn] 的脱氧反应如下：

$$[Mn] + [O] = (MnO)_{(熔于(FeO)中)} \qquad (3-19)$$

由图3-13可见，锰的脱氧能力随温度的降低而提高。在冶炼沸腾钢时，单独用Mn脱氧，由于钢液在凝固过程中氧的偏聚和温度降低有利于Mn的脱氧，因此，增加钢中Mn含量有利于抑制钢液在钢锭模中的沸腾。

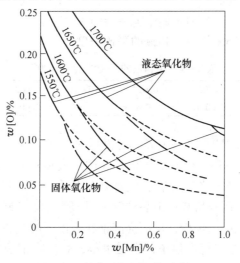

图3-13 [Mn]-[O] 平衡图

[Si] 的脱氧反应如下：

$$[Si] + 2[O] \Longrightarrow (SiO_2)_{(固)} \tag{3-20}$$

由图 3-14 可见，随着温度降低，硅的脱氧能力呈直线增加，而且 Si 是一个强脱氧剂。沸腾钢中只要有 0.05% 的硅，就不能产生沸腾，所以沸腾钢要求 $w[Si] < 0.05\%$。

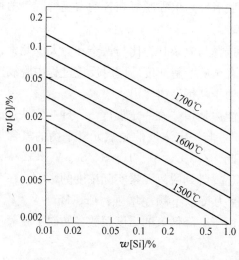

图 3-14　[Si] - [O] 平衡图

需要指出的是，当硅的加入量由 0.06% 增加到 0.37% 时，脱氧产物会由低熔点的 $2FeO \cdot SiO_2$（熔点 1205℃）变为固态的 SiO_2（熔点 1710℃）而不易由钢液内排出。

[Al] 的脱氧反应如下：

$$2[Al] + 3[O] \Longrightarrow (Al_2O_3)_{(固)} \tag{3-21}$$

表 3-4 给出了 1600℃ 时铝和氧的平衡浓度。

表 3-4　铝和氧的平衡浓度（1600℃）

[% Al]	0.1	0.05	0.01	0.005	0.003	0.002	0.001
[% O]	0.0001	0.00016	0.00044	0.0007	0.00098	0.0013	0.0020

由表 3-4 可见，Al 是一个脱氧能力很强的元素。Al 除了脱氧以外，还能与钢中的氮形成稳定的 AlN，因而能防止 FeN 的形成和析出，大大降低钢的时效倾向，而且还有细化晶粒的作用。在钢锭加热过程中，AlN 和 Al_2O_3 颗粒可以防止奥氏体晶粒长大，从而容易获得细晶粒钢。Al 还可以与 FeS、MnS 作用生成硫化铝，降低硫化物在钢中的偏析，从而提高钢在高温下的塑性。

由于 Ca 在钢液中溶解度很小，密度也小，容易在钢液中上浮并蒸发，所以利用率很低。为了发挥其脱氧和脱硫能力，通常使用密度大的 Si - Ca 合金，或用惰性气体将粉状钙合金吹入钢液中。

［Ca］的脱氧反应如下：

$$Ca_{(气)} + [O] \longrightarrow (CaO)_{(固)} \tag{3-22}$$

CaO 和 Al_2O_3 在钢液中可以生成低熔点的铝酸钙，如 $3CaO \cdot Al_2O_3$ 和 $12CaO \cdot 7Al_2O_3$ 等，钙和铝共同脱氧生成的液态脱氧产物，不但易于上浮，也是防止钢包水口堵塞的好方法。

3.7.3.2 复合脱氧

研究表明，当采用两种以上脱氧元素进行复合脱氧时，其效果要比单独脱氧好得多。例如采用硅、锰复合脱氧时，脱氧产物（MnO）和（SiO_2）结合，可以降低（MnO）的活度，从而提高 Mn 的脱氧能力。Mn 也能提高 Si 的脱氧能力。

如果采用 Mn、Si、Al 复合脱氧，则可大大提高 Al 的脱氧能力。常见的复合脱氧剂有 Mn - Si、Mn - Si - Al、Mn - Al、Si - Ca、Si - Ca - Al、Mn - Si - Ca - Al、Ca - Fe - Al、Ca - Mn - Al 等。

整个脱氧过程可分为以下四个阶段：

（1）钢液中脱氧剂的熔化和溶解；

（2）脱氧产物形核；

（3）脱氧产物长大；

（4）脱氧产物的上浮和排除。

由脱氧反应的动力学条件可见，脱氧产物的长大过程受到钢液流动的影响，碰撞长大的速率要比钢液静止状态下快很多。实际上在出钢、镇静和浇注过程中，脱氧产物在不断地排出。例如对 30t 氧气顶吹转炉的钢样进行夹杂物的分析，在包内镇静后，硅锰合金脱氧钢内的夹杂物上浮了 38% ~ 55%，用铝脱氧的钢内夹杂物上浮了 60% ~ 75%。图 3 - 15 给出了采用 3t 碱性电弧炉冶炼 0.3% ~ 0.5% 碳钢，在钢包内脱氧的情况，脱氧前钢中的含氧量为 0.08% 左右，

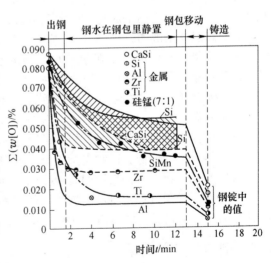

图 3 - 15 添加各种脱氧剂后含氧量的变化

出钢时分别加入 3% 的各种脱氧剂，然后测出各阶段中的含氧量变化。

表 3 - 5 给出了不同脱氧产物的熔点和密度。由表可见，大多数脱氧产物的熔点都大于钢的熔点，而密度均小于钢液的密度，因此脱氧产物容易在钢液内上浮。

表 3 - 5   脱氧产物的熔点和密度

脱氧产物组成	熔点 /℃	密度（20℃）/t·m⁻³	脱氧产物组成	熔点 /℃	密度（20℃）/t·m⁻³
含 SiO 小于 40% 的硅酸铁	1180 ~ 1380	4.0 ~ 5.8	氧化钒 V_2O_3	1977	4.87
含 SiO 大于 40% 的硅酸铁	1380 ~ 1700	2.3 ~ 4.0	$MnO \cdot SiO_2$	1291	3.72
氧化铝（刚玉）Al_2O_3	2050	4.0	$2MnO \cdot SiO_2$	1345	4.04
二氧化氯（石英、石英玻璃）	1710	2.2 ~ 2.6	$MnO \cdot Al_2O_3$	1560	4.23
氧化锰 MnO	1785	5.5	$3MnO \cdot Al_2O_3 \cdot 3SiO_2$	1195	4.18
氧化铁 FeO	1369	5.8	$2FeO \cdot SiO_2$	1205	4.32
氧化钛 TiO_2	1825	4.2	$Al_2O_3 \cdot SiO_2$	1487	3.5
氧化铬 Cr_2O_3	2280	5.0			

3.7.3.3   钢液凝固时的二次脱氧

由于在一次脱氧以后，钢液中还可能含有残余的溶解氧，凝固过程中的"选分结晶"会使脱氧元素和氧在结晶前沿富集，从而产生新的脱氧形核和核的长大过程。成为由脱氧产物组成的二次脱氧产物（或称"内生夹杂"）。由于二次脱氧产物和结晶同时产生，因此很难从钢液中分离出去，所以对二次脱氧过程应予以特别注意。根据日本的研究，在过饱和的 Al - O 系中，往往发现在已凝固的钢锭树枝状晶间有 Al_2O_3 析出，或有 MnS、FeS 等硫化物的析出，而且往往与钢中未上浮去除的氧化物黏结成复合的大型夹杂物。

为提高浇注钢液的"纯净度"，应注意以下问题：

（1）钢液中悬浮的一次脱氧物应尽量减少，这就要求控制好冶炼时的终点碳。由碳 - 氧平衡曲线可知，当温度一定时，碳高氧则低，因此低碳钢的含氧量往往较高碳钢高。而且要注意采用合适的脱氧剂，并促使一次脱氧产物在浇注前通过上浮去除。

（2）钢液中的脱氧剂要具有极小的过饱和度。

（3）钢液黏度要低，以利夹杂上浮，所以并不是钢的浇注温度愈低愈好。

（4）脱氧产物应与钢液面间有较大的表面张力，以利于从反应界面脱离。

（5）加强凝固过程中钢液的流动，使二次氧化形成的夹杂易于和界面脱离，同时有利一次脱氧产物的相互碰撞、长大和上浮。

3.8   钢的脱氮和脱氢

3.8.1   钢的脱氮

3.8.1.1   氮对钢的性能的影响

氮在钢中与铁形成间隙式固溶体，对钢的强化作用和碳相近。一般情况下氮是有害元素，只有在特殊情况下才利用它增加钢的强度和耐磨性，如钢材表面渗氮，生产特高氮马氏体不锈钢，提高耐热钢的抗蠕变强度等。当氮以碳氮化物形式在压力加工冷却过程中析出时，具有细化晶粒和析出强化作用。

通常情况下是氮为有害元素，氮的有害作用表现在：

（1）增加低碳钢的时效敏感性，即含氮量高的低碳钢在长时间放置后强度和硬度升高，塑性和冲击性显著降低。

（2）钢中含氮是钢产生"冷脆"的重要原因之一（即钢在 250 ~ 450℃ 温度区间强度增高，冲击韧性降低）。当钢中含有磷时，这种脆性更加明显。

（3）钢液中含氮量高时，钢的宏观组织疏松，甚至可能产生气泡。如果此气泡距钢锭表面太近，则热轧时钢锭表面会产生裂纹。

（4）使钢的焊接性能变坏。

3.8.1.2　钢中氮的来源

钢液中的氮主要来自炼钢用的铁水、钛合金、空气和氮气（转炉底吹氮时）。

氮在钢液中溶解可分为以下两个步骤：

（1）氮气与钢液表面接触，并为其吸附，分解为原子：

$$N_2 \rel 2N_{(固)} \tag{3-23}$$

（2）被吸附的氮原子熔入钢液中：

$$2N_{(吸)} \rel 2[N] \tag{3-24}$$

在 1600℃ 的条件下，氮在钢中的溶解度为 0.04567%。在固态钢中，氮在 $\gamma - Fe$ 中的溶解度比 $\alpha - Fe$ 和 $\delta - Fe$ 高，所以在温降过程中，有氮的析出。当钢中含有和氮亲和力强的元素时，可以增强氮在钢中的溶解度；相反，其他一些元素会降低钢中氮的溶解度（见图 3-16）。

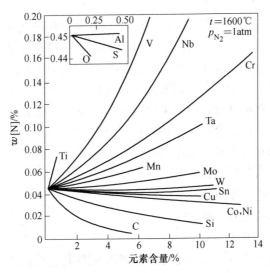

图 3-16　各元素对 N 在纯铁中溶解度的影响

（当 p_{N_2} 为 1 个大气压和 $t = 1600℃$ 时）

3.8.1.3 钢中氮的去除

钢中溶解的氮可由两个过程去除：

（1）靠脱碳反应去除。脱碳时生成 CO 气泡，由于 CO 的分压低，可使钢中的氮向 CO 气泡扩散，然后随 CO 气泡一起上浮去除。

（2）靠钢包内吹氩搅拌去除。此时氮向氩气泡内扩散，并被氩气泡带出。

3.8.2 钢的脱氢

3.8.2.1 氢对钢性能的影响

氢对钢的性能危害很大，随着钢强度的增加，其危害更加严重。氢的危害表现在以下几个方面：

（1）降低钢的塑性，而引起"氢脆"。高强度钢含氢量不到 0.0001% 就可能出现"氢脆"，使钢在应力作用下突然发生沿晶断裂。"氢脆"一般在 −100 ～ + 100℃时产生，以室温最为敏感。

（2）使钢中产生"白点"。"白点"实际上是钢中锯齿形小裂纹，在纵向断口上呈圆形或椭圆形银亮色斑点。当奥氏体冷却转变为珠光体、贝氏体或马氏体时，随着温度降低，氢在钢中的溶解度急剧降低，过饱和的氢原子在钢中疏松、空隙处聚集成氢分子，或与碳结合成甲烷（CH_4），产生巨大压力，在相变应力和温度应力的联合作用下，使钢的基体局部爆裂成小裂纹。白点通常在 150 ～ 250℃以下产生。

（3）钢中含氢量较高时会使钢锭在凝固时产生点状偏析或产生疏松。

3.8.2.2 钢中氢的来源

炼钢用的石灰石中常含有 4% ～6% 的水分，每 100g 的锰铁中溶有 20 ～30mL 的水，每 100g 的硅锰合金中溶有 30 ～50mL 的水，炉衬及炼钢用耐火材料中也会含有一定水分，大气中的水分（特别是雨季）都是钢中氢的来源。另外，当钢液敞开出钢和浇注过程中，由于钢液和大气接触，也会产生吸氢。

和氮一样，钢在冶炼过程中如果温度愈高，或钢液面上水蒸气和氢的分压愈高，氢在钢中的溶解度也愈高。电炉钢和转炉钢相比，由于电弧的高温和电离作用，也使大气中的水汽容易产生电离，使氢更容易进入钢液内，所以在其他条件相同时，电炉钢的含氢量要比转炉高。

3.8.2.3 钢中氢的去除

钢中氢防止和去除有几种方法：

（1）采用真空冶炼和真空浇注。

（2）冶炼时对铁合金、炉衬、钢包衬等耐火材料充分烘烤。

（3）实施保护浇注，防止吸氢。

（4）钢包吹氩，用氩气泡将氢带走。

（5）利用 C – O 反应生成的 CO 气泡将氢带走。

（6）对钢锭或钢材进行缓冷，使氢从钢锭内析出。

3.9 钢中夹杂物

3.9.1 夹杂物的分类

按夹杂物的来源可分为内生夹杂和外来夹杂。内生夹杂是脱氧、脱硫产物，以及一些溶解在钢液中的氧与氮在温度下降过程中与其他元素作用生成的非金属夹杂物。外来夹杂是混入钢液中的炉渣、保护渣和耐火材料和浇注时钢液的二次氧化造成的氧化物。

按夹杂物的性质不同有脆性夹杂物、塑性夹杂物和半塑性夹杂物三种。脆性夹杂物不能和钢同时产生塑性变形，易生成钢的裂纹源；塑性夹杂物可随钢一起变形，形成"纤维组织"，使钢的性能产生方向性。

脆性夹杂物中包括一般氧化物如 Al_2O_3、Cr_2O_3、ZrO_2 等；双氧化物如 $FeO - Al_2O_3$、$MgO - Al_2O_3$、$CaO \cdot 6Al_2O_3$ 等；氮化物如 AlN、TiN、VN 等；以及尖晶石型复合氧化物、硅酸盐等。

塑性夹杂物包括 MnS、MnO_2、SiO_2 和含量较低的铁锰硅酸盐等。

夹杂物如以球状存在于钢中，则危害性较小；当以尖角、尖楞状存在时则危害性较大。Ca 和稀土元素可使夹杂物变形成球状以降低其危害。

3.9.2 硫化物夹杂

在炼钢过程中，硫元素能无限地溶解在钢液中。在钢的凝固过程中，随着温度的降低，硫和锰将富集于尚未凝固的钢液中，硫和锰发生化学反应生成硫化锰或硫化锰铁夹杂物，分布在最后凝固的钢锭头部、中心和树枝状晶间，严重时也可分布于晶界处和晶内，从而破坏了钢的连续性，降低钢的塑性和强度（见图 3 – 17 和图 3 – 18）。

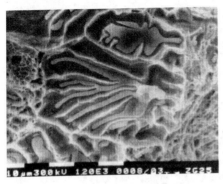
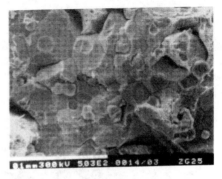

图 3 – 17　分布在晶内的条状　　　　图 3 – 18　分布在晶界上的
　　　硫化锰铁夹杂物　　　　　　　　球状硫化物锰铁夹杂物

图 3 - 19 是分布于铸件晶粒间界上的球状硫化锰铁夹杂物，由于其收缩系数比基体大，因而在冷却时容易和其周围的基体产生裂纹和空隙，使其成为裂纹源。

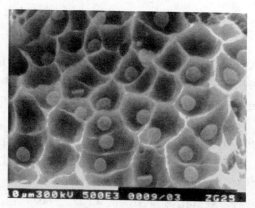

图 3 - 19　存在于晶粒间界上的球状硫化锰铁夹杂物

3.9.3　氧化物夹杂

钢中最典型的氧化物夹杂是 Al_2O_3，它是用铝脱氧后的产物，它质地坚硬，不能塑性变形，熔点 2050℃，密度 3.96g/cm³。有时会以它为核心，聚集长大为复合型夹杂。钢中氧化铝夹杂会使其在循环应力作用下产生显微裂纹，引起宏观裂纹或表面剥落。

钢中氧化物夹杂还有 SiO_2，其熔点 1723℃，密度 2.23g/cm³，它属于塑性夹杂，热加工时沿变形方向变形。另外 MnO 夹杂熔点 1850℃，密度 5.365g/cm³，塑性很好，压力加工后顺延伸方向形成条形。上述氧化物夹杂压力加工后成为"纤维组织"，使产品性能产生方向性（见图 3 - 20）。

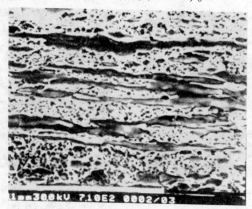

图 3 - 20　FeO - MnO 夹杂物产生的纤维组织

3.9.4 碳酸盐夹杂

碳酸盐是金属氧化物和硅酸根的化合物，它们具有一定塑性，热变形后沿变形方向延伸。钢中可能出现的硅酸盐夹杂有钙铝榴石（$3CaO \cdot Al_2O_3 \cdot 3SiO_3$）、钙长石（$CaO \cdot Al_2O_3 \cdot 2SiO_3$）、铁铝榴石（$3FeO \cdot Al_2O_3 \cdot 3SiO_3$）、铁堇青石（$2FeO \cdot 2Al_2O_3 \cdot 5SiO_3$）、锰铝硅酸盐（$mMnO \cdot nAl_2O_3 \cdot pSiO_3$）、铁锰硅酸盐（$mFeO \cdot nMnO \cdot pSiO_3$）等（见图 3 – 21）。

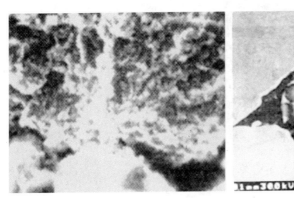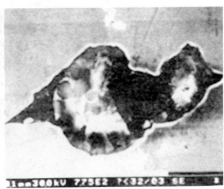

图 3 – 21　钙铝硅酸盐夹杂

3.9.5 铝酸盐夹杂

在经钙处理的铝脱氧钢中形成大量的 $MgO \cdot CaO \cdot Al_2O_3$ 型铝酸盐夹杂物和 CaO 与铝酸盐复合型夹杂物。在喷吹 $CaO – CaF_2$ 和 Al 粉的钢中，主要夹杂物是轧后没有变形的低熔点 $nCaO \cdot mAl_2O_3$ 夹杂物和富 Ca 的 $MgO \cdot CaO \cdot Al_2O_3$ 铝酸盐夹杂物（见图 3 – 22）。

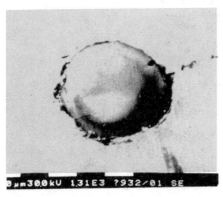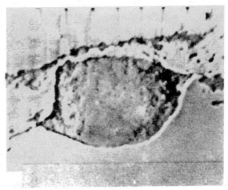

图 3 – 22　铝酸盐夹杂

3.9.6 尖晶石类夹杂

尖晶石是两种不同金属的氧化物组成的双氧化物，如 $MgO \cdot Al_2O_3$、$FeO \cdot Cr_2O_3$ 等，它们是一种坚硬的不变形夹杂物（见图 3 – 23），对钢的塑性有破坏作用。

图 3 – 23　铁、铬尖晶石夹杂

3.9.7 氮化物夹杂

氮气是氮化物的形成元素，氮气在炉中和大气中的分压都较高。因此，钢中的氮主要是在钢液裸露过程中从大气中吸入并溶解在钢内的。电炉钢由于存在空气电离作用，加速了气体的解离，故电炉钢中含氮量偏高。转炉复吹控制不当，也会使氮进入钢内。在含 Ti、Zr、RE、V 的钢中，由于这些元素和氮亲和力强，能形成稳定的氮化物。氮化物夹杂在显微镜下呈现方形、矩形、六角形。这种氮化物夹杂硬而脆，如集中析出在晶界上将造成晶界脆裂，但如弥散析出在晶内，则可提高钢的强度，图 3 – 24 是钢中的氮化物夹杂。

 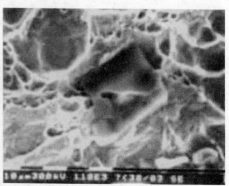

图 3 – 24　氮化物夹杂

3.10 炉外精炼

所谓"炉外精炼"是指在常规冶金熔炼炉以外的继续精炼方法。它将传统冶金过程分为两个阶段，前一阶段在转炉或电炉中完成熔化、氧化、脱磷、升温等基本冶金反应，出钢后在钢包内或精炼炉中进行后一阶段，即完成还原、脱氧、合金化、去除气体和夹杂等任务。这样便大大提高了炼钢的生产能力，缩短了冶炼生产周期，并为钢质纯净化提供了有利的基础性条件。因此，无论连铸，还是模铸，目前均与炉外精炼相配合。

3.10.1 LF炉

LF即钢包炉精炼法，它是利用钢水包为载体，炉盖上方设有石墨电极，采用电弧加热，并设投料口和观察孔，进行包内测温、加合金料等操作。其底部有钢包车，钢包的下部设有吹氩管和透气砖，向钢包内吹氩搅拌，其设备如图3-25所示。因LF炉有设备简单、投资费用低、操作简单灵活和精炼效果好等优点，已经在炉外精炼设备中占据主导地位，除超低碳、氮等超洁净钢外，几乎所有的钢种都可以采用LF法精炼，大大地提高了转炉和电炉的炉外精炼比。

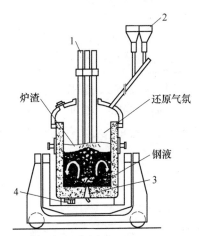

图3-25 LF设备示意图
1—电极；2—合金料仓；3—透气砖；4—滑动水口

LF炉可以调节钢液温度和成分，去除钢中的气体和夹杂，并经常配有喂丝机构，向包内喂入Si-Ca丝和Al线等，从而可起到脱硫和脱氧的作用。LF炉还可以起到"蓄水池"的作用，协调炼钢炉和连铸、模铸的生产能力，保证生产连续进行。LF炉本身不具备真空系统，增设真空手段后被称为多功能LFV（如图3-26所示），依据冶炼钢种要求可增设氧枪及供氧系统、喷粉系统等，完成真空脱气、吹氧脱碳、吹氩搅拌、电弧加热、脱氧、脱硫、合金化等精炼任务。

相当于将 VD、VOD、LF 有机组合，完成所有精炼任务，也可以完成其中几项精炼任务。

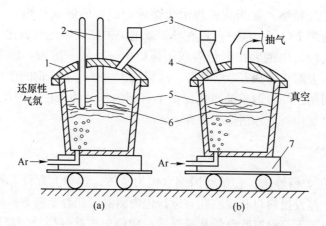

图 3-26 LFV 法设备示意图

(a) 电弧加热；(b) 真空处理

1—加热盖；2—电极；3—加料槽；4—真空盖；
5—钢包；6—碱性还原渣；7—钢包车

3.10.2 VOD 炉

VOD 法也叫真空脱氧脱碳法，它是在一个地坑式的真空室内对钢包内的钢液进行精炼，图 3-27 是 VOD 法设备原理图。由于没有外加热源，所以处理钢液时温度会下降，从而使处理时间受限。处理时钢包内发生强烈的碳氧反应，因此钢包上部要求留有足够的自由空间，且设有钢包盖。钢包的底部有吹氩装置，

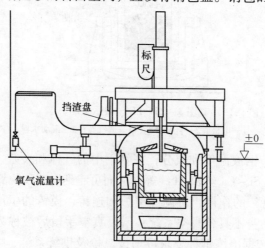

图 3-27 VOD 法设备原理图

一边抽真空，一边吹氩搅拌，以增加反应界面。真空炉一般采用 4~6 级蒸汽真空泵抽真空。VOD 炉一般与电弧炉配合，具有脱碳、脱氧、脱气、脱硫和合金化等功能，主要用于生产不锈钢或超低碳合金钢。在 VOD 法基础上，人们又开发了 SS – VOD 法（强搅拌真空吹氧脱碳法），用于生产超低碳、超低氮铁素体不锈钢。

3. 10. 3 RH 炉

RH 循环真空脱气法，是在钢包的上方设一真空反应室，也采用蒸汽真空泵抽真空，并用一根耐火材料制成的上升管和一根下降管插入钢液中，利用上升管内吹氩形成的气泡，造成液流向上流动。在真空室内抽真空后的钢液再从下降管中流回钢水包内，如此造成钢液在钢包和真空室内的循环流动。通过调节上升管、下降管插入钢液深度、直径、吹氩压力和流量，可改变钢流循环流动速度，钢液在处理周期内可循环流动一次，所以脱气效果很好（见图 3 – 28）。RH 法具有处理周期短、生产能力大、精炼效果好的优点，适合与大型的转炉或电炉配合使用。为了弥补真空脱气时钢液的温降，有的 RH 内还设有加热和补加合金的设施，可以进行温度和成分的微调，成为 RH – KTB 炉。

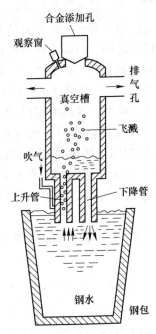

图 3 – 28 RH 法原理示意图

除此几种常用的炉外精炼方法外，还有 VD、HD、KP、AOD 等多种炉外精炼炉，各有不同的结构和作用，在此不一一列举。

4　钢锭凝固理论基础

钢和其他金属一样，在室温状态下均为晶体，有一定的结晶形态和结构。钢由液态凝固为固态的过程，是一个自由能不断下降的过程，也是一个复杂的相变过程，其中包括晶型的改变和新相的形成和析出。钢的凝固可分为晶核形成，晶核长大和相互吞并三个阶段，在这个过程中伴随着传质、传热和动量传递过程。由于凝固是一个能量降低的过程，所以在凝固过程中伴随着"结晶潜热"的不断释放和钢锭显热的散失。钢由液态到半固态直至完全凝固。在此过程中还伴随着钢中溶质的再分配、钢中气体的析出、夹杂物的上浮和各种金相组织结构的形成。伴随着钢液的强制流动和对流运动，钢液、钢锭和钢锭模之间的传热和钢锭内部热应力和组织应力的产生，是一个复杂的物理化学过程。

4.1　凝固形核和晶体生长

钢由液态转变为固态的过程中，有一个转变开始的液相线温度和转变终了的固相线温度。在固相线和液相线之间，有一个固液两相混合区。在液相线以上温度时，金属的原子呈"近程有序状态"，钢液中的一些地方存在微小的"原子丛集"，而在另一些地方出现"空穴"。溶质原子和溶剂原子相互混合、溶解，成分是比较均匀的。当钢液温度下降时，这些时聚时散的原子丛集便逐渐靠拢。当钢液温度低于液相线温度时，固相的体积自由能（G_S）将小于液相体积自由能（G_L），固相有析出的倾向，然而固相析出将产生液固界面，形成附加的界面能（G_3）。因此固相析出还需要一定的驱动力来克服界面能引起的阻力。在实际凝固中形核驱动力是通过合金液的过冷（过冷度：实际钢液温度与液相线温度之差）获得的。

在过冷度 ΔT 时析出体积为 V 的晶核引起的自由能变化 ΔG_V 及产生的界面能 G_i 分别为：

$$\Delta G_V = \frac{-V\Delta h}{T_0}\Delta T \qquad (4-1)$$

$$G_i = A\sigma \qquad (4-2)$$

式中　Δh——凝固过程中焓的变化（近似等于结晶潜热）；

$\quad\quad \Delta T$——过冷度（实际钢液温度和液相线温度之差）；

$\quad\quad T_0$——合金的平衡凝固温度；

$\quad\quad \sigma$——界面能；

A——固液界面面积。

而总的自由能变化：

$$\Delta G = \Delta G_V + G_i \tag{4-3}$$

如果析出的固相为球形，则可得到该固相的半径，称为临界晶核半径：

$$r = \frac{3\sigma T_0}{\Delta h \Delta T} \tag{4-4}$$

形核速率是表征形核规律的量化指标，定义为单位时间内在单位体积液相中形成的晶核数目，即：

$$u = \frac{NkT}{h}\exp\left(-\frac{\Delta G_A}{kT}\right)\exp\left[-\frac{a\sigma^3}{kT(\Delta G_V)^2}\right] \tag{4-5}$$

式中　N——单位体积内的原子总数；

　　　k——玻耳兹曼常数；

　　　h——普朗克常量；

　　　ΔG_A——原子穿过液固界面的激活能；

　　　σ——晶粒的形状因子；

　　　ΔG_V——体积自由能。

当温度降至液相线以下某一温度 t_E 时，这些丛集原子便成为"长程有序"的稳定"晶核"。由此可见，要生成结晶核心，必要的条件是要有"过冷度"，用以吸收结晶潜热。一旦晶核形成，如果温度继续下降，钢液内的金属原子便会以晶核为依托，按一定的方向和顺序向晶核上黏附、长大。由于金属晶格的结构不同，有体心立方、面心立方、密排六方等（见图4-1），所以结晶的形态对不同的合金来说也不一样。

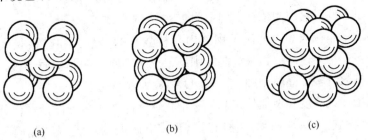

（a）　　　　　　　　　　（b）　　　　　　　　　　（c）

图4-1　不同的晶格排列方式

（a）体心立方；（b）面心立方；（c）密排六方

现以面心立方晶格为例，来说明树枝状晶的形成过程（见图4-2）。

结晶开始时，晶核具有八面体的形状，每个晶面都是原子排列最紧密的（111）晶面。由于在八面体的尖角处具有良好的散热条件，使"结晶潜热"能顺此方向迅速地散发出去，并且由于尖角处具有较多的凸凹不平之处，易使液态

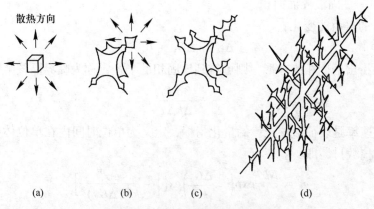

图 4-2 树枝状晶的形成过程

金属原子向上附着，从而造成尖角方向的晶核优先长大，成为树枝状晶的骨干。八面体的六个尖角可以生出六个骨干称为一次晶轴。与此同时，在这些"一次晶轴"中间，由于存在一些晶体缺陷（如"位错"、"台阶"），所以以它为核心长出二次晶轴，以致三次晶轴等，从而在最初的晶核周围，形成一个树枝状晶的骨架。液态金属原子在骨架上不断沉积，就形成了一个个的晶粒，它们大小不等，位向不一，各自长大又相互吞并，最后完成了钢的全部凝固过程。以上过程由于是自发形成的，故又称"自发形核"或"均质形核"。

另外还有一种"非均质形核"，它是以钢中某些高熔点夹杂物质点或以钢锭模壁上的凸凹之处为核心，引起的形核和晶核长大。由于钢液中的高熔点质点的键能不同，钢液间的表面张力不同，故不同质点作为非均质形核核心的可能性也不相同。在与液相相互润湿角较小、形核基底为凹面的条件下，形核功也较小，所以金属原子就以它们为依托，向上附集。

钢的最终晶粒大小，取决于钢液内晶核数目的多少，和晶核长大速度的快慢。晶核多、长大速度快，最终晶粒则细，反之则粗。在非均质形核条件下，由于外来晶核数目多，晶粒则细。"过冷度"愈大晶核数目则愈多，生长速度也愈快，所以增加过冷度和增加外来晶核是细化钢锭晶粒的两种途径（例如采用水冷钢锭模；向钢中加入形核剂；利用超声波或电磁振荡形成"结晶雨"等，都是细化铸造组织的有效手段）。

晶体生长的形态受传热、传质及液相流动条件的影响。对单相合金的凝固来说，枝晶凝固可分为定向凝固和自由凝固（见图4-3）。定向凝固是在单向热流条件下，在晶粒一定生长速率范围内实现的。定向凝固的控制参数是生长速率和温度梯度。自由凝固是在体积结晶（即金属内部由于温度下降同时结晶）条件下产生的，其控制参数是冷却速率和过冷度。

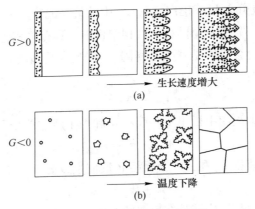

图4-3 定向凝固和自由凝固

(a) 定向凝固；(b) 自由凝固

4.2 相图和结晶的关系

和其他合金一样，钢的成分都是多元的，普碳钢是铁碳合金，合金钢中还包含锰、硅、铬、镍、钼、钒等其他合金元素。这些由溶质和溶剂组成的多元合金，在凝固过程中，可以以单质、固溶体和化合物形式从钢液或固态钢中析出。多元系金属的凝固，可以由二元系合金的凝固为基础加以说明。

所有的二元合金都可能由图4-4所示的共晶、偏晶、包晶及固溶体四种基本相组成。图中的 A、B 组元可以是纯元素也可以是化合物。由图可见，除图

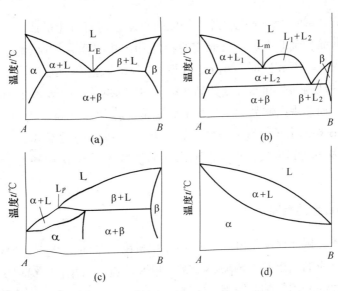

图4-4 四种基本相图

(a) 共晶；(b) 偏晶；(c) 包晶；(d) 连续固溶体

4-4(a)中的共晶成分点 L_E 和图4-4(b) 中的偏晶成分点 L_m 以外，其他成分的溶液在开始凝固时都只有一个固相从液相中析出，具有单相合金凝固的特征。

最常见的多相合金凝固是"共晶凝固"，即具有共晶成分的液相 L_E 同时析出 α、β 两种固相，即：

$$L_E \longrightarrow \alpha + \beta \tag{4-6}$$

偏晶凝固则是由液相中析出一种固相 α 和一个新的液相 L_Z，即：

$$L_E \longrightarrow \alpha + L_Z \tag{4-7}$$

包晶凝固则是液相 L_P 和另一个固相 β 反应生成另一个新的固相 α，即：

$$L_P + \beta \longrightarrow \alpha \tag{4-8}$$

共晶、偏晶、包晶反应都是在恒温状态下进行的。固溶体由于析出相的成分不同于原始母相，在凝固过程中，随着温度的下降，固相和液相的成分分别沿着固相线和液相线变化，二者遵从"杠杆原理"。对固溶体来说，如果液相成分和温度达到多相反应点时，凝固过程尚未结束，则剩余钢液将发生多相凝固。由此可见，多相合金的凝固是比较复杂的，钢内各部分的成分变化是由液相时的基本均匀分布向固相时的基本不均匀分布变化，这就是为什么多相合金的凝固组织会千差万别的原因之一。

4.3　共晶合金、偏晶合金和包晶合金的凝固

4.3.1　共晶合金的凝固

自然界的元素除个别情况之外，任取两种组合均有可能形成一个或一个以上的共晶系。共晶合金的组织与组成相的特性和两相的耦合情况相关。如前所述，共晶反应是由一个液相同时析出 α、β 两种固相的过程。根据晶体学生长方式，可将共晶分为规则共晶和非规则共晶两类。在规则共晶中，α 和 β 相以片层状或棒束状生长，而非规则共晶的生长则十分复杂。在定向凝固过程中，α 相生长出的组元 B 为 β 相的生长创造了条件，而 β 相生长排出的元素 A 为 α 相的生长创造了条件，因而在其生长的界面前形成互相扩散并发生 α 相和 β 相的耦合生长（见图4-5）。

4.3.2　偏晶合金的凝固

如前所述，偏晶反应是由一个母相 L_1 中析出一个固相 α 和一个新的液相 L_2，因此，偏晶反应的结束并不意味着凝固过程的结束，析出的液相 L_2 还要发生枝晶或其他方式的凝固。偏晶凝固的组织形态呈棒状。根据新析出的液相和固相以及母相间界面能的不同，偏晶凝固可能有如图4-6的三种方式。

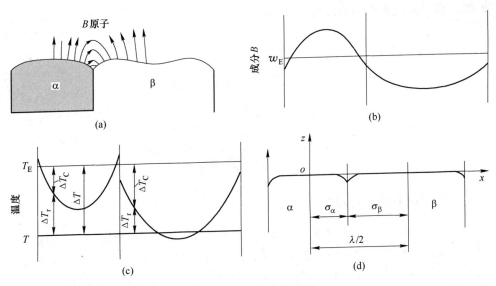

图 4 - 5　共晶合金的凝固

(a) α 和 β 耦合生长；(b) 共晶生长界面前的溶质（组元 B）分布；
(c) 共晶生长界面过冷度分布；(d) 共晶生长界面简化模型与坐标系

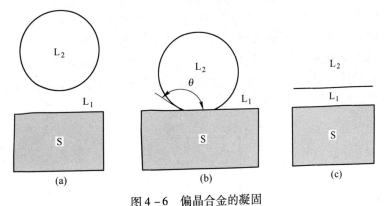

图 4 - 6　偏晶合金的凝固

(a) $\sigma_{SL_2} > \sigma_{SL_1} + \sigma_{L_1L_2}$；(b) $\sigma_{SL_2} < \sigma_{SL_1} + \sigma_{L_1L_2}$；(c) $\sigma_{SL_1} > \sigma_{SL_2} + \sigma_{L_1L_2}$

4.3.3　包晶合金的凝固

典型的包晶反应如图 4 - 7 所示。合金在凝固过程中首先析出 α 固相，并以枝晶方式生长，在 α 枝晶生长过程中，组元 B 在液相中富集，导致液相成分沿液相线变化，当液相成分达到 L_P 时，发生 $L_P + α = β$ 的包晶反应，即 β 相在 α 相表面产生异质形核，并很快沿 α 相表面生长，将 α 相包裹其中。进一步的反应则通过 β 相内的扩散进行，组元 B 自 β 相与液相 L_P 的界面向 α 与 β 的界面扩散，导致 α 与 β 的界面向 α 相一侧扩展，而组元 A 则由 α 与 β 的界面向与 L_P 的界面扩展，直至完成整个结晶过程。

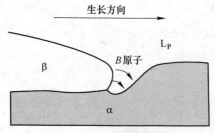

图 4 - 7 包晶合金的凝固

4.4 凝固过程中的传热

在凝固过程中，伴随着液相向固相的转变，结晶潜热的释放，液相和固相本身的降温也将释放出物理热。在定向凝固、可控凝固等条件下，还有外来热源使凝固按特定方式进行。只有各种热流被及时导出时，才能使凝固持续进行，宏观上讲凝固方式和进程是由热流控制的。

金属凝固过程中的主要传热方式如图 4 - 8 所示，包含对流传热、传导传热和辐射传热。在液相中，主要是对流传热和传导传热；在已凝固的坯壳中和钢锭模壁内是传导传热；在锭模与外界大气间是对流传热和辐射传热；在钢锭坯壳与钢锭模之间的气隙内，传热比较复杂，既有传导传热，又有对流传热，还有辐射传热，常以牛顿换热方法进行简化，由于气隙是分阶段渐进式发展的，在气隙稳定形成后一般视为辐射传热。在液相内的传热过程中，如采用电磁搅拌等手段强迫液体流动，则可加快对流传热。

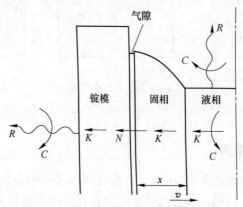

图 4 - 8 金属凝固过程中的主要传热方式

K—导热；C—对流；R—辐射；N—牛顿界面换热

对于结晶潜热的处理，则比较特殊，对于平面界面凝固可将凝固界面看成是一个移动的热源进行处理，而对于体积凝固过程，可采用折合质量热容法，*即将*

凝固潜热加合到质量热容上，获得一个增大了的折合质量热容。在上述三种传热方式中，其控制方程为：

$$q = -\lambda \frac{\mathrm{d}T}{\mathrm{d}n}$$

传导传热：

$$\frac{\partial T}{\partial \tau} = \alpha \nabla^2 T \qquad (4-9)$$

对流传热：

$$q = \alpha(T_c' - T_c) \qquad (4-10)$$

辐射传热：

$$q = K\left[\left(\frac{T_c''}{100}\right)^4 - \left(\frac{T_c}{100}\right)^4 \right] \qquad (4-11)$$

式中　λ——热导率；

　　　　α——热扩散率，$\alpha = \lambda/\rho C_p$，$C_p$ 为质量定压热容；

　　　　K——辐射传热系数；

　　　　α——界面传热系数；

　　　　T——温度；

　　　　T_c——环境温度；

　　　　T_c'——锭模温度；

　　　　T_c''——铸件温度；

　　　　$\dfrac{\mathrm{d}T}{\mathrm{d}n}$——等温面法线方向导数。

钢锭本体的完全凝固时间，可参照式（4-12）计算，对半无限大平板铸件的凝固过程，凝固层厚度为：

$$\delta = K\sqrt{t} \qquad (4-12)$$

式中　δ——凝固层厚度，mm；

　　　　K——凝固率系数，$\mathrm{mm/min^{1/2}}$；

　　　　t——凝固时间。

其中：

$$K = 1.128 b_{\mathrm{Mo}}(T_i - T_{\mathrm{Mo}})/\rho_s \Delta h_\Sigma$$

式中　b_{Mo}——锭模的蓄热系数，$b_{\mathrm{Mo}} = \sqrt{\lambda_m \rho_m C_m}$；

　　　　T_i——钢液温度；

　　　　λ_m——锭模的热导率；

　　　　ρ_m——锭模的密度；

　　　　C_m——锭模的热容；

　　　　ρ_s——钢锭的密度；

　　　　Δh_Σ——折合的凝固潜热。

4.5 凝固过程中的溶质"再分配"和偏析的产生

在钢的液体状态下,由于分子的热运动,其合金成分基本是均匀的,溶质和溶剂相互掺和,只有少量成分起伏和能量起伏。而一旦温度降低,由于各化学元素的"化学位"不同,便会产生"选分结晶",即较纯净的部分先结晶,而溶质元素较多的部分后结晶,而且在固液相界面附近,会产生溶质原子的富集层。与此同时,由于分子扩散的作用,在固相和液相中浓集的溶质部分又会逐渐通过扩散而稀释,上述过程便引起了溶质元素的"再分配"而产生偏析。由此可见,最终的固相成分取决于"选分结晶"和"溶质元素扩散"两个因素。而这两个因素均与时间有关,因此采用快速冷却凝固,使选分结晶来不及进行便可抑制溶质再分配,或在钢锭凝固后进行高温扩散退火,也可以消除或减轻溶质元素的富集。

平界面一维凝固过程溶质的扩散与再分配如图4-9所示。在开始凝固时,析出的固相溶质质量分数 W_s 与液相质量分数 W_L 与溶质分配因数 k 相关。当 $k < 1$ 时,剩余的溶质将被排入凝固前沿的液相中,由于来不及充分扩散而导致溶质的富集,形成一个溶质富集层。随着凝固过程的进展,这个溶质富集层也不断向内推进,溶质质量分数也不断发生变化。

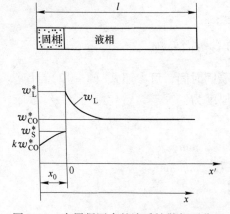

图4-9 金属凝固中的溶质扩散与再分配

液相和固相内传质的基本方程是菲克第一定律和第二定律,即:

$$J_c = -D \frac{\partial W_c}{\partial n}$$

$$\frac{\partial W_c}{\partial \tau} = D \nabla^2 W_c \tag{4-13}$$

式中 J_c ——溶质扩散通量;

D ——溶质扩散系数;

W_c ——溶质质量分数;

τ——时间。

描述凝固过程溶质元素再分配的关键参数是溶质再分配参数 k，将 k 定义为：平衡凝固过程中固相溶质质量分数 W_s 和液相溶质质量分数 W_l 之比，即：

$$k = \frac{W_s}{W_l} \qquad (4-14)$$

而实际上要想实现"平衡凝固"十分困难，因此常用"有效"溶质分配因数 k_e 来表示。研究表明，温度、环境压力、合金成分、凝固界面曲率都会对 k_e 产生影响，而且不同合金元素产生溶质再分配的难易程度也不同。一般在晶核处，溶质元素含量较少，而在晶粒边界上溶质元素含量较多。这种在一个晶粒范围内成分上的差异，称之为"显微偏析"，而把整个钢锭体积内的成分不均则称之为"宏观偏析"。宏观偏析是显微偏析的积累，且与凝固过程中的钢液流动和温度场分布有关，如与"热浮力流"、"收缩抽吸流"等有关。宏观偏析有"正偏析"和"负偏析"之分。凡某点溶质含量大于钢液平均成分者，称为"正偏析"；反之，溶质含量小于平均成分者称为"负偏析"。一般来说，钢中的碳、硫、磷的偏析倾向较大，其他合金元素的偏析倾向各有不同。偏析会造成钢的组织、性能不均，对要求均质性较高的钢种（如模具钢、耐热钢）更应注意解决偏析问题。

在钢锭中，偏析的量化指标是"偏析率"，即：

$$n = \frac{W_c - W_{c0}}{W_{c0}} \qquad (4-15)$$

式中 W_{c0}——钢中某点的溶质质量分数，%；

       W_c——钢液的平均溶质质量分数，%。

对钢中偏析的测定方法可采用成分取样分析法、硫印法等。

4.6 凝固过程中液体的流动

凝固过程中液体的流动包括自然对流、强迫对流和亚传输过程引起的流动。

凝固过程的自然对流包括传热、传质引起的浮力流和由于凝固收缩引起的抽吸流。浮力流是钢液中溶质富集层由于比重小而上升和热钢液上升冷钢液下降所造成。

强迫对流包括由于电磁搅拌、机械搅拌、外加电场引起的溶质电传输等导致的液体流动，以及浇注过程中流股冲击所造成的流动。图 4-10 是上铸浇注过程中钢液的强制流动。图 4-11 是下铸浇注过程中的钢液流动。

亚传输过程引起的流动包括凝固界面上由于原子和分子扩散产生的结晶流和由于温度梯度造成的流动等。凝固过程中液相的流动仍然遵循动量方程、能量方程和连续方程规律。但由于合金溶液的物性参数，如密度、黏度、表面张力等均为温度的函数，也是溶质质量的函数，所以不能孤立地研究流场，而要考虑流场与传热、传质之间的耦合作用。

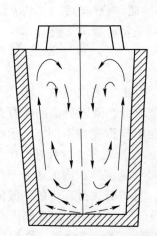

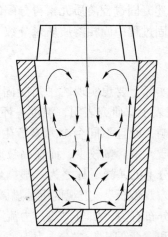

图 4 – 10 上铸浇注过程中钢液流动   图 4 – 11 下铸浇注过程中的钢液流动

通过氯化铵水溶液的模拟实验，可以看出钢锭在自然对流凝固过程中流场的演变过程，如图 4 – 12 所示。在凝固初期，液相的密度变化是由于温度变化引起

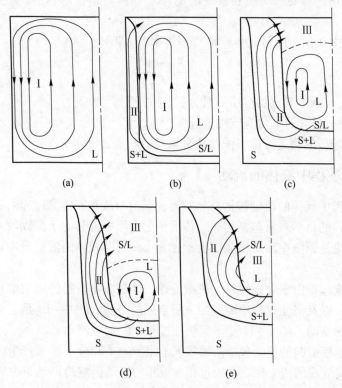

图 4 – 12 钢锭凝固过程中的对流模型

（a）~（e）分别为时刻 r_1、r_2、r_3、r_4、r_5 的对流场，其中 $r_1 < r_2 < r_3 < r_4 < r_5$

的。由于钢液密度由钢锭表面向中心逐渐减小，流场如图4-12(a)所示的Ⅰ区。当形成固液两相区后，由于液相成分的变化，液相密度由温度和溶质浓度两个因素共同决定，枝晶间因富集溶质而密度较小的液相，相对母相而上浮形成了边缘相反的液流区Ⅱ，上浮的液相浮于液相区的上部不参与原液相区的对流成为Ⅲ区。此后随着凝固的进行，Ⅰ区逐渐缩小，Ⅱ、Ⅲ区逐渐扩大，最后形成了如图4-13所示的流动模式。

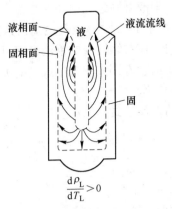

图4-13 钢锭凝固过程中的液相流动

在强迫对流的情况下，自然对流的条件受到了破坏，但却带来了以下好处：

(1) 加速了钢液中的传热、传质，使凝固进程加快。

(2) 改变了传质条件和自然凝固时的浓度场，使偏析分散。

(3) 液体的强制流动冲刷了模壁上的晶核，增加了钢液中的固相质点，加快了凝固速度，细化了枝晶组织。

(4) 将已经成长的枝状晶折断，使其成为"结晶雨"，增加了钢锭内部等轴晶的比例，提高了细晶强化效果。

由此可见，采取外场干预钢锭凝固是一个好的铸锭方法。值得注意的是，当用电磁搅拌方法干预钢锭凝固时，由于磁力线在钢锭模内分布不均，因此对于方、圆、扁锭模内，由电磁搅拌引起的钢液流动也是不均匀的，可能存在主环流区、次环流区和死区。因此，对流场要做具体分析，并采取相应措施，以达到预想的结果。

4.7 钢锭中的气泡和夹杂

在"钢的冶炼基础"一章中，已对钢液中气体夹杂的产生原因进行了论述，那么在铸锭过程中是否还有新的气体和夹杂产生？产生后它们又积存于钢锭的何处呢？

由于铸锭多采用敞开浇注，所以尽管通过炉外精炼已将钢液内的气体和夹杂降低到了很低的水平，但浇注时钢液又从大气中吸入了氢、氧、氮，并使钢液产生二次氧化。浇注时汤道耐火砖受到钢液冲刷，也会带入硅酸盐类夹杂。当采用Al进行终脱氧时，由于加入量过多，钢液中"酸溶铝"含量较大，也会在钢包水口处造成"水口结瘤"，而以 Al_2O_3 夹杂形式被冲入钢锭模内。由于此时的 Al_2O_3 和凝钢结合，水口结瘤产物的粒径和密度较大，很难从钢锭模内钢液中浮出，从而被存留于钢锭底部，形成大颗粒夹杂（粒径大于 $50\mu m$ 的夹杂）。而如果钢中有溶解的残存氧，在钢液凝固过程中还能与钢中的合金元素产生化学反应生成小颗粒的"内生夹杂"。在钢锭没有全凝之前，这些夹杂尚有上浮去除的机会，否则就会积存于钢锭内。在对钢锭内的钢液进行机械或电磁搅拌时，或钢锭开浇过猛时，保护渣也可能被卷入钢液中，形成新的夹杂。因此，在铸锭过程中仍然要控制钢液中的气体和夹杂。

根据夹杂物在钢液内的上浮公式，上浮速度 v 为：

$$v = \frac{2}{9}g\frac{1}{n}r^2(\rho_1 - \rho_2) \tag{4-16}$$

式中　v——夹杂物上浮速度，cm/s；

g——重力加速度，cm/s^2；

n——钢液的动力黏度，$g/(cm \cdot s)$；

r——夹杂物半径，cm；

ρ_1，ρ_2——液态金属和夹杂物的密度，g/cm^3。

由上式可见，要使夹杂物在钢锭模内易于上浮，钢液的浇注温度不能过低，以防止钢液黏度增大，使夹杂物不易上浮。而通过各种搅拌手段可以增加夹杂物互相碰撞长大的机会，使 r 增加，也使夹杂物易于上浮。

钢液内的气体在钢锭凝固、温度下降的过程中，由于溶解度降低可部分从钢液内析出，它们有一部分可进入大气，而有一部分可进入钢锭内的薄弱环节处（如在凝固的疏松区、倒 V 型偏析区、V 型偏析区内和钢中的微裂纹处），从而造成危害。降低浇注温度可降低气体在钢液中的溶解度，从而使钢锭内部残余的气体减少。钢锭模、保护渣、绝热板潮湿还易使其中的水分变为水蒸气，引起钢锭的皮下气泡。钢液在冶炼中如果脱氧不良，在锭模中会产生 C－O 反应生成CO 气泡，也会残留在钢锭中造成皮下气泡，所以对镇静钢要充分脱氧。对沸腾钢锭而言，由于在浇注前未充分脱氧，在浇注过程中钢中的溶解氧与碳作用，会产生大量 CO 气泡而使钢液沸腾，这些气泡残存在钢锭皮下，称为"蜂窝气泡"，存在于钢锭心部的称为"二次气泡"，这些气泡由于未被污染，CO 又是还原性气氛，所以压力加工后得以焊合。

4.8　钢液在凝固过程中的体积收缩

钢液在凝固过程中，由于原子动能逐渐减少，原子排列由"近程有序"向

"长程有序"转变。钢液中"空穴"的减少，加上原子要重新排列，形成稳定的晶粒，都会引起体积的变化。在其整体收缩中，由液态体积收缩、凝固体积收缩和固态体积收缩三部分组成。其中，在固态体积收缩中还有奥氏体向铁素体、珠光体转变时的体积变化（如图4-14所示）。

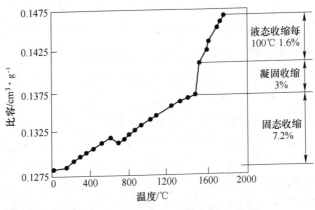

图4-14 钢在凝固过程中的体积收缩

4.8.1 钢的液态体积收缩

钢的液态体积收缩是指钢液从浇注温度到液相线温度的体积收缩，可由式（4-17）表示：

$$\varepsilon_v = \alpha_{v液}(t_浇 - t_液) \times 100\% \qquad (4-17)$$

式中 ε_v——液态体积收缩率，%；

$\alpha_{v液}$——液态体积收缩系数，1/℃；

$t_浇 - t_液$——钢液的过热度，℃。

由上式可见，钢液过热度愈大，液态体积收缩就愈多，要求钢锭保温帽容积和切头率就愈大。另外，当浇注温度一定时，随着钢中含碳量的增加，钢的液相线温度也是变化的，每提高1%的含碳量，$\alpha_{v液}$大约可增加20%。$\alpha_{v液}$还受钢中气体、夹杂的影响，$\alpha_{v液}$一般在 $(0.4 \sim 1.6) \times 10^{-4}/℃$ 的范围内，通常取其平均值 $\alpha_{v液} = 1.0 \times 10^{-4}/℃$。采用真空浇注对减少钢的液态体积收缩也是有利的。钢液过热度大，还会造成钢锭组织粗大和钢液中夹杂和气体增多等诸多不利因素，因此国内外除特殊钢种外均采用低过热度浇注。

4.8.2 钢的凝固收缩率

钢的凝固收缩率 ε_v' 是指从液相线温度到固相线温度的体积收缩率。在此温度区间内，钢锭将释放出结晶潜热，完成结晶、凝固过程。所以凝固体积收缩，包括温度降低和相的改变两个方面。从钢的相图上看，液相线和固相线的距离愈宽，即固液两相区愈大的钢种，其凝固体积收缩率愈大。表 4 - 1 给出了钢中碳含量对 ε'_v 的影响。其他合金元素对 ε'_v 的影响，可以查有关手册。

表 4 - 1 钢中碳含量对 ε'_v 的影响

C/%	0.10	0.25	0.35	0.45	0.70
ε'_v/%	2.0	2.5	3.0	4.3	5.3

至于钢的固态收缩则与其所含元素原子动能和晶格常数有关。由于上述体积的变化，钢的密度也发生了变化，由液态钢的 $\rho = (6.9 \sim 7.0) \times 10^{-6} \mathrm{kg/mm^3}$，变化到室温时的 $(7.8 \sim 7.82) \times 10^{-6} \mathrm{kg/mm^3}$。上述体积收缩中的液态体积收缩，如得不到钢液的补充，将在钢锭中产生缩孔和疏松，影响钢锭的切头率和内部质量。而大细长比微锥度的电极坯，则要利用钢锭的固态体积收缩进行脱模。

由于钢中各合金元素对上述三种体积收缩的影响，所以不同钢种的总体积收缩率不同，其中液态体积收缩率为 1% ~ 1.5%，凝固体积收缩率为 3% ~ 5%，固态体积收缩率为 7% ~ 9%。根据前两者之和可以用以设计镇静钢锭保温帽所需容积。

4.9 钢锭缩孔和疏松的产生

在钢锭凝固过程中，由于前述的各种体积收缩，会在钢锭内部产生缩孔和疏松。其中，一次缩孔产生于镇静钢锭保温帽部，呈向大气开放的碗形或碟形。二次缩孔产生于钢锭中下部（特别是对细长比比较大，而上小下大的锭型），它们都处于最后凝固区因而得不到钢液补充而形成的。由于是最后凝固区，所以在该部富集了溶质和夹杂，压力加工后必须切除。

疏松也是钢液在凝固过程中枝晶之间得不到钢液的有效补充而形成的。凝固过程中补缩通道是否畅通是疏松形成的关键因素。另外，当凝固在固液两相的糊状区内进行时，由于液相被先前凝固的枝晶所分割、封闭，任何局部都得不到别处液相的补充，也容易造成疏松。显然，固液两相区愈大，先产生的枝晶愈发达，被封闭的液相就愈多，形成的疏松也会愈严重。疏松区内不但致密度差，而且会产生局部点状偏析和小孔洞，但通过其后的压力加工，有的可能使其焊合。钢锭凝固时截面内的凝固状态如图 4 - 15 所示。

4.10 钢锭的实际组织结构

4.10.1 镇静钢锭的组织结构

如图 4 - 16 所示，由于钢锭自下而上、自外而内地三维凝固，在紧靠钢锭模壁处由于过冷度高，模壁又能成为晶核生成的基底，因此形核率很高，结晶后成

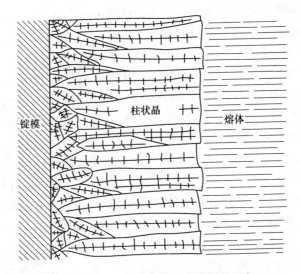

图 4 - 15 钢锭凝固截面内的凝固状态

为一层厚 10 ~ 15mm 的细晶坚壳带。以后由于凝固初期钢液还有一定过热度，结晶潜热要向外释放，所以造成了柱状晶的定向凝固条件，柱状晶迎着热流方向生长，直至结晶潜热耗尽为止，然后开始体积结晶，在钢锭心部的最后凝固区形成等轴晶区。与此同时，由于钢液体积收缩，在钢锭头部形成缩孔，缩孔内存在严重的偏析、夹杂和保护渣、保温剂。在凝固时液态补缩达不到的中上部芯部地区则形成疏松。由于在凝固过程中一些游离晶核形成"结晶雨"下沉，被边缘液流带至钢锭下部沉积起来，则形成钢锭下部的细晶沉积锥，一些被下沉"结晶雨"捕捉的夹杂也沉积于此。

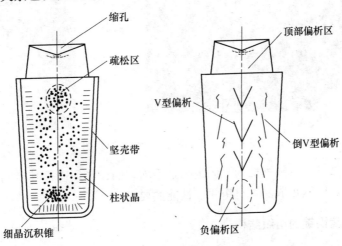

图 4 - 16 镇静钢锭的组织结构

与上述结晶构造形成的同时，由于选分结晶和溶质再分配，富集的溶质由于柱状晶的生长被推到柱状晶的前沿，形成溶质富集层，其密度比钢液小，熔点又比钢液低，因而逐渐上浮；与此同时由于柱状晶前沿过冷度降低，使柱状晶暂停生长，待越过溶质富集层后再继续生长，因此形成了带状偏析和倒 V 型偏析（也称 A 型偏析）。这种过程不止一次地产生，所以大型钢锭内部的 A 型偏析线不止一条。再往芯部，则存在 V 型偏析区，其上部由于溶质富集和上浮，形成热顶偏析；其中下部由于凝固钢液的体积收缩，富集的溶质被抽吸，而形成 V 型偏析。在钢锭底部则由于过冷度较大，一些容易产生负偏析的元素形成了负偏析区。图 4 - 17 是作者在解剖 27t 扁钢锭时的实物低倍照片，从中可以看到柱状晶、中心等轴晶和倒 V 型偏析线。在钢锭解剖后的等轴晶区，可见到有许多小树枝状晶组成的晶粒；在倒 V 型偏析线处，可见疏松、偏析，是钢锭内的薄弱环节之一。

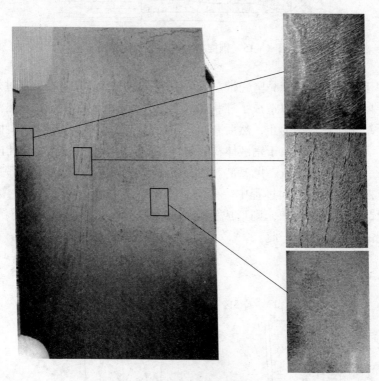

图 4 - 17 27t 钢锭解剖低倍组织图

由以上可见，实际钢锭的凝固组织是不均匀的，必须通过其后的热压力加工加以改善，才能满足成品钢材组织、性能的要求。

4.10.2 沸腾钢锭的组织结构

沸腾钢锭的组织结构如图 4 - 18 所示。和镇静钢锭一样，沸腾钢锭自外而内，自下而上地凝固造成了外围的细晶坚壳带、柱状晶带和中心等轴晶带。不同的是，由于钢锭模内 C-O 反应生成大量 CO 气泡，因而还存在蜂窝气泡带、二次气泡带和梨形气泡区。蜂窝气泡带多产生在钢锭下部靠近细晶坚壳带处，与柱状晶共同向前生长，由于模内钢液静压力的影响，钢锭上部产生的气泡可以通过钢液向大气逸出，故蜂窝气泡带多存集于钢锭下部。由于沸腾钢在浇注完毕后要进行封顶，防止头部钢液"冒涨"，所以封顶后钢内的沸腾因钢内压力增加而被抑制，不再产生气泡。

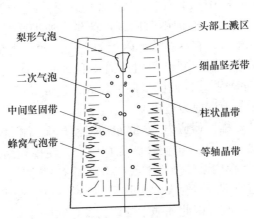

图 4-18　沸腾钢锭的组织结构

　　但随着钢锭凝固体积收缩，加上钢锭也已封顶，故内部压力又逐渐减少，甚至出现真空状态。此时 C-O 反应又能重新产生，生成的气泡滞留于钢锭接近锭芯的上部，成为二次气泡带，最后有较多 CO 气泡聚集在钢锭顶部封顶层下部成为梨形气泡区，这里是沸腾钢锭的最后凝固区，聚集着较多的夹杂和偏析物，压力加工后应当切除，否则会在钢坯头部产生"夹层"。

4.11　钢锭在凝固过程中所受的各种应力

　　所谓"应力"，是指单位截面积上所受内力，以 N/mm^2 或 MPa 表示，可分为"压应力"和"拉应力"两种。其中"拉应力"的不利影响比较大，当拉应力超过钢锭内某点的强度极限时，便会在该点产生裂纹。由于钢在温降过程中，强度是逐渐增加的，因而钢在高温状态下，更容易产生各种裂纹。

　　由于产生裂纹时必须有"拉应力"的作用，而且这个拉应力的方向一般与裂纹的方向相垂直，因此必须研究钢锭在凝固过程中都受到了哪些拉应力的作用。第一种应力叫"温度应力"。由钢的热胀、冷缩原理可知，当钢的温度不均时，高温的部分要膨胀，低温的部分要收缩，二者互相牵扯，高温部分对低温部分要产生拉应力，反过来低温部分要对高温部分产生压应力，这就是温度应力。温度应力过大时，钢锭甚至会产生"炸裂"，因此必须重视。

第二种应力叫做"组织应力"。它是由于钢在冷却过程中要产生相变，不同的相有不同的晶体结构，在"相"的重组过程中，有的要体积膨胀，有的要体积收缩，体积膨胀的部分要对体积收缩的部分产生拉应力；体积收缩的部分要对体积膨胀的部分产生压应力，这就是"组织应力"。例如，纯铁在奥氏体向铁素体转变过程中，奥氏体的体积密度约为 $0.1312cm^3/g$，而铁素体的体积密度约为 $0.1319cm^3/g$，由奥氏体向铁素体等温转变时有体积膨胀，由铁素体向奥氏体等温转变时有体积收缩。

由于钢锭在凝固过程中从下而上、从外而内地凝固，所以上述温度应力和组织应力也是自下而上、自外而内随时间逐层产生。如果此时在钢锭内部存在夹杂、气泡、缩孔、疏松等，在这些缺陷附近便会形成"应力集中"，即应力分布不均，造成"裂纹源"，钢中裂纹便由此向不利方向扩展。当钢锭在浇注过程中，如果钢流产生"偏转"，冲刷已凝固的坯壳，造成局部坯壳变薄，也可能引发纵裂，基本也属于是温度应力造成的。

第三种应力叫"收缩障碍应力"。例如钢锭模与保温帽壳之间由于漏钢形成"飞翅"，使体积收缩受到障碍，便会产生拉应力，使模帽结合部产生"悬挂拉裂"。又如，如果钢锭模内壁凹凸不平或产生"掉肉"，阻碍了钢锭的自由收缩，或由于浇高温钢，造成钢液与锭模"焊接"，影响了以后的体积收缩，都会产生拉应力和收缩障碍性裂纹，因此加强钢锭模的整备和管理也是十分重要的。

还有一种应力是未凝钢液对已凝坯壳静压力的作用，造成初生坯壳表面产生拉应力，这种应力在铸速快，铸温高和钢锭比表面积较小时（例如圆断面钢锭）更容易产生，从而使钢锭初生晶壳产生纵向裂纹。

钢锭在铸造过程中所承受的各种应力不一定都会马上引起裂纹，但如果这些应力残留在钢锭内，就会形成"残余应力"。这种"应力"也叫"铸造应力"，可以通过"退火"或"缓冷"加以缓解或释放，否则与以后加工时的热应力和塑性变形应力相叠加，则会造成更为严重的质量问题。这就是为什么大型钢锭或合金含量较高的钢锭在脱模后要缓冷或退火的重要原因之一。

4.12 模铸和连铸的比较

本书在序言中已对模铸和连铸在成材率、系统能耗、产品规格、品种的适应性等方面进行了比较，本节还将以立弯式连铸机为例，对二者的技术细节进行对比，以便取长补短、相互借鉴。

立弯式连铸机如图 4-19 所示。由钢包及钢包回转台、保护浇注水口、结晶器及其振动装置、二冷区及其支撑辊列、拉引矫直机、切断设备等组成。

4.12.1 流场和温度场的比较

除水平连铸外，连铸方式均属于上铸，而模铸大部分采用下铸。连铸由于有

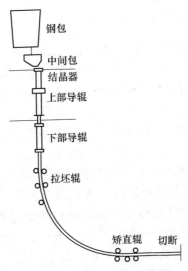

图 4-19 立弯式连铸机

中间包内新鲜的热钢液不断补充，而且结晶器、二冷区冷却条件相对稳定，拉速也相对稳定，因此，对连铸坯长度上的各个截面、冷却条件是相对稳定的。这就造成连铸坯长度方向上各个截面的凝固组织结构相对稳定。下铸钢锭自停浇以后，热中心逐渐集中于钢锭保温帽部，并且没有外来新鲜热钢液补充，钢锭下部先浇先冷，上部后浇后冷，以及锭型上大下小存在锥度，锭模壁厚也不均匀，因此沿锭的长度方向上凝固组织是不均匀的。

另外，在连铸的整个过程中，浸入式水口的流股始终对水口附近具有冲刷作用，流场对连铸坯凝固的影响也始终存在，而模铸一旦停浇，水口流股的冲击作用即告结束，只剩下了热浮力流和补缩的抽吸流。连铸坯的液相穴中虽然也存在热浮力流和补缩抽吸流，但持续的时间没有模铸那么长，因而对偏析的影响也不相同。另外，连铸坯断面相对较小，冷却强度又大，所以钢的过冷度大，凝固速度快，从而造成连铸坯的枝晶和等轴晶都比较细小，偏析程度也比模铸轻。而模铸由于钢锭断面较大，凝固时间长，而且多数锭模不用水冷，模温随浇注凝固时间增长而上升，故过冷度较小，枝晶和等轴晶都比较粗大，偏析也比较明显。由于模铸受热浮力流的影响，钢锭中常可以看到倒 V 型偏析线（特别是大型钢锭），而连铸坯中（特别是中小规格连铸坯）很难看到倒 V 型偏析线。连铸和模铸温度场不同的另一个影响是液相穴内气体夹杂上浮的机会模铸比连铸多，连铸由于凝固速度快，液相穴又相对较长，铸坯基本没有负锥度。因此钢内气体夹杂上浮的条件较差，只能依靠中间包内加挡墙、坝和过滤器等方法来去除夹杂，靠埋入水口保护浇注来防止钢液二次氧化造成的夹杂。而且对于立弯式连铸机和椭圆型连铸机，铸坯内的夹杂多集中在铸机内弧侧。

4.12.2　铸造组织的比较

从铸造组织来看，连铸坯由于冷却强度大，连铸坯尺寸又相对较小，故柱状晶所占比例比模铸大，有时甚至会因二冷配水不当，出现"穿晶"现象（即几乎看不到等轴晶区，全是柱状晶），因此，对连铸高碳钢类和容易产生柱状晶的钢种时，要尽可能降低连铸钢液的过热度，并采用二冷区"弱冷"的控制方式或采用电磁搅拌来细化晶粒，而模铸钢锭内等轴晶所占比例较大。

连铸和模铸相比的另一特点是连铸坯外形基本没有锥度，而上大下小模铸钢锭存在较大的锥度，加上模铸可以控制铸速来调节凝固前沿的开放度。而连铸只能靠调节二冷区各段的配水量来保持"液相穴"前沿的开放度。这样对于一些连铸小方坯（特别是含碳量较高的）就容易产生结晶前沿局部"搭桥"现象，造成"小钢锭结构"，即连铸坯中轴线上出现断续、局部的小缩孔，在其周围存在较重的偏析，从而影响其后加工钢材的组织、性能。因此高碳钢类（如硬线钢、铆螺钢等）目前已用大断面连铸方坯来替代小断面连铸方坯，有的厂还用模铸钢锭来生产上述产品（如宝钢）。

4.12.3　钢液质量控制方法的比较

无论连铸还是模铸都可以采用 LF、RH、VD 等精炼炉来净化钢液，控制成分、浇注温度和钢液的纯净度。所不同的是模铸可以采用真空浇注，而连铸只能采用保护连铸，二者都有可能将钢中的气体、夹杂控制在较低水平。对连铸而言，可控制拉速和埋入式水口的埋入深度来防止液面保护渣卷入连铸坯内。对下铸模铸而言，因为采用敞开浇注，有钢液二次氧化、水口结瘤带入夹杂的问题，又有中心铸管、汤道砖熔损带进钢内夹杂的问题。在保护渣的选用上，模铸比较强调其保温和吸附夹杂的性能，连铸除此而外还要强调其润滑模壁、吸附夹杂、改善渣与钢液间的表面张力等性能。近来模铸也采用了中心铸管吹氩保护和用长水口深入锭模底部保护浇注等措施，来防止钢液的二次氧化。

4.12.4　应力的比较

如前所述，连铸、模铸过程中均会产生温度应力、组织应力和收缩障碍应力。二者最大不同点在于连铸在浇注过程中铸坯是运动的，结晶器是振动的；而模铸浇注时钢锭模和钢锭间是相对静止的。连铸坯在生产过程中还要承受拉坯应力、鼓肚应力（即连铸坯壳在二冷区支撑辊间因受钢液静压力而鼓胀，又被下一对支撑辊压回所产生的坯壳应力）、弯曲和矫直应力（在立弯式连铸机和弧形连铸机上），有时还有因二冷区支撑辊对弧不准造成的坯壳附加变形应力等，再加上由于连铸结晶器的振动，所形成的"振痕"造成的"应力集中"，起到了类似裂纹源的作用，易造成铸坯"角部横裂"。由于连铸二冷区给水量是分段可调的，如果末段给水量太少，造成铸坯表面"复热"，也可能造成连铸板坯中心横裂。有时连铸采用液相穴末端"软压下"，如果控制不当，也可能造成内部三角区裂纹。

综上所述，连铸与模铸相比，由于应力状态复杂，更容易产生各种内外裂纹，这就是为什么连铸要采用计算机自动控制的原因之一。而模铸往往采用人工操作，人为因素影响较多，故质量稳定性较连铸差，这也是模铸应改进的方面。

4.12.5　热装热送、液芯轧制的比较

为了系统节能，连铸和模铸都采用了热送热装技术，只不过连铸坯不能在带液芯的状态下剪切分段，所以除薄板坯连铸连轧外无法采用"液芯加热"技术，只能尽量减少连铸机出坯后的温降，经连续加热炉"边角补热"，实现连铸坯的"直接轧制"。而压盖封顶沸腾钢锭可以既液芯加热，又能带液芯轧制，从而充分利用了钢锭自身的"结晶潜热"。

1995 年，作者在实现钢锭液芯轧制的基础上提出了连铸坯也可以在连铸机上采用液芯轧制，指出连铸坯液芯轧制与钢锭液芯轧制相比内压力小，工艺稳定性好，更易于进行，并提出实施连铸坯液芯轧制关键是要控制好应力状态和液芯压下率。作者在自主研发的四机架连轧机组上模拟了连铸坯的带液芯压下，发现连铸坯液芯压下时，由于液相穴上部并未封闭，液芯压下时内压比钢锭液芯轧制小，且液芯可反向向结晶器方向挤出，故分散连铸坯中心偏析的作用较大。实验还发现几个机架之间连轧时的秒流量，可通过液芯的流动自适应地调节。与此同时，日、澳等国也先后研制了连铸大方坯厚板坯液相穴末端带液芯轻压下（又称"软压下"），其目的除节能外，还在于要分散连铸坯最后凝固区的中心偏析。后来日本又研发了"连续轻压下"和"局部重压下"两种工艺。前者利用加强了的数对二冷区末端拉矫辊，对带有一定液芯率的连铸坯实施连续的小压下量轧制。后者是利用"振摆式轧机"或用凸辊拉矫机，对连铸大方坯或连铸板坯实施液芯部位局部的较大压下量轧制（见图 4 - 20）。

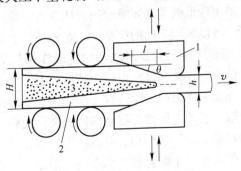

图 4 - 20　连铸坯带液芯轧制

1—锤头；2—铸坯；3—液芯

连铸无论采用哪种液芯轧制方法，均需对现有连铸机进行改造，并要控制好液芯轧制时的"液芯率"和"应力状态"，以及带液芯轧制的道次压下率。这与模铸钢锭的液芯轧制是一样的，只不过由于模铸钢锭是在初轧机上可逆轧制，液芯部分在轧制过程中会反复前后向流动，因而分散最后偏析的作用较大。另外，由于钢锭要一个个地脱模，一个个地轧制，各锭的实际轧制液芯率变化较大。

由于初轧机的每道压下量和轧制道次可以灵活调整，所以对液芯轧制的适应性较强。连铸坯液芯轧制由于拉速和各道压下量相对固定，调节余量很小，而且拉速一变，或二冷配水量一变，铸坯液相穴长度就会跟着变化，但铸轧辊的位置又是固定的，这就造成了实际轧制液芯率的变化，因此，对工艺、设备参数，必须施加自动控制。作者曾为国内某厂大方坯连铸机设计过液芯压下方案，采用五组拉轿辊进行连铸大方坯断面中部连续重点压下，并采用1、2、3或2、3、4或3、4、5辊系适应液相穴末端位置的变化，该方案后因铸机结构难以改造而未实施。

连铸坯由于比表面积大，散热比较快，因此当实施热送、热装时要求连铸机、轧机和加热炉之间的距离要尽可能缩短。现代的薄板坯连铸机后面紧跟着隧道式加热炉，铸坯一出铸机就进入炉内加热，从而节约了加热能耗，但前提条件是，铸坯必须表面无缺陷。不像模铸钢锭，如果发现表面有缺陷，还可以放冷清理加以补救。另外，连铸机一旦产生漏钢，处理事故便很麻烦，而模铸处理事故，相对容易。

4.12.6 应用电磁搅拌的比较

电磁搅拌技术是近年来冶金行业采用的一项新技术，目前已成功用于结晶器软接触、结晶器内钢液制动、二冷区细化晶粒和液相穴末端分散中心偏析等方面。电磁技术连铸可用，模铸照样也可以用，二者的不同点在于：

（1）由于模铸钢锭断面比连铸坯大，故要求电磁搅拌功率大。为使搅拌效果良好，模铸还要求采用较低的搅拌频率使磁力线深入钢锭内部，而连铸根据搅拌的位置和要求不同，可以采用不同的频率、功率和搅拌方式。

（2）由于连铸采用铜质结晶器，对磁场的屏蔽作用较大，结晶器内电磁加热和电磁搅拌效率较低，对连铸二冷区电磁搅拌虽无铜结晶器的屏蔽，但由于二冷区铸机结构所限，还要考虑更换二冷区设备和处理漏钢事故等的要求，安装电磁搅拌设备的空间受限，影响电磁搅拌器功率的提高。而模铸如在保温帽部加电磁搅拌设备，则无铜结晶器的屏蔽作用，可以减少功率，而且可以同时利用电磁的力作用和热作用。但由于一个锭就要一套电磁搅拌器，所以电磁搅拌器的数量较多，只适应一炉钢浇1~4只锭的浇注条件。当锭数在1个以上时可以采用电器并联的方法，用一套控制柜同时控制数个钢锭的帽口感应线圈进行加热。

（3）电磁搅拌器的位置在连铸机上的位置是固定的，而模铸电磁搅拌器的位置可以借用升降机构，上下移动，因而采用这种方法控制钢锭内部质量相对灵活。

（4）由于连铸坯在连铸时要保持一定拉速，因而单位铸坯长度通过电磁搅拌区的时间有限。（如结晶器长 1m，拉速 1m/min，则通过结晶器的电磁搅拌时间只有一分钟）。而模铸钢锭，只要钢液未凝固完毕，电磁搅拌就可继续下去，二者在搅拌时间上可差 2 个数量级以上，这不但可以弥补钢锭断面大的不利影响，而且对改善钢锭内部质量更为有利。

由以上分析可见，连铸和模铸同属于钢的铸造，各有各的技术特点和适用范围，其中有些技术可以互相借鉴，取长补短，在竞争中发展。

目前，连铸为了弥补自身压缩比受限的不足，正在加大连铸坯的断面积。例如连铸圆坯最大直径可达 1000mm，连铸板坯最大厚度达 600mm，连铸方坯最大断面达到 600mm×600mm。但这样一来铸机结构必然庞大，成本提高。而且连铸坯断面越大，冷却时间越长，铸造组织变得粗大，偏析也加重，与模铸相比的优势就越来越小，有时还得不偿失。因此作者不主张盲目加大连铸坯的断面尺寸，而主张大断面、高质量的钢材应由电渣重熔、水平定向凝固和外场干预凝固等模铸新技术来完成，使连铸和模铸各展其能，各得其所。

5 钢锭压力加工理论基础

5.1 钢锭的压力加工方法

钢锭的压力加工方法主要有轧制和锻造两种，轧制是在一对由电机驱动、转向相反的轧辊上进行；锻造是在锤头和砧座间进行。锻造钢锭常用的方法是自由锻。锻造的设备有空气锤、蒸汽锤、油压机和水压机等。锻造的方式有镦粗和拔长、冲孔、辗环等。轧制锭则经常在二辊可逆初轧机、三辊开坯机、宽厚板轧机和无缝钢管穿孔机上进行，轧制方式有纵轧、横轧和斜轧三种。锻造的优点是压缩比可以通过镦粗、拔长灵活调整，压缩比较大，加上变形时三向压应力状态强，变形容易深透，钢锭中的疏松、微裂纹易被压合，粗大晶粒易被破碎，偏析、大型夹杂容易改善，因而产品内部质量良好。锻造的主要缺点是锻造火次多，能耗较高，生产率低，锻件尺寸精度差，成材率低。轧制则与其相反，生产率较高，成材率较高，能耗较低，产品尺寸精确，表面光洁度好，但压缩比受限，改善钢锭内部质量的应力状态不如锻造。具体采用哪种方法对钢锭实施压力加工，取决于钢种、锭重和质量要求。有条件时可采用锻、轧结合工艺，用锻造开坯，用轧制成材。

5.2 压力加工中的应力和应力状态

钢锭在压力加工过程中，要受到变形工具（如轧辊、锤头、砧座）的作用力和约束反作用力，以及钢锭表面与变形工具间的摩擦阻力（见图 5-1）。这些外力，会使钢锭内部产生与外力相平衡的内力，同时产生塑性变形。人们将单位截面积上的内力称为"应力"，将单位长度上的变形称为"应变"。

5.2.1 原子间的作用力和能

金属原子间存在键能，它们把原子紧密地结合在一起。要使金属产生变形，所加之外力必须克服原子间相互作用的力和能。两原子间的力和能与原子间距有关（如图 5-2 所示）。当原子间的距离达到 $r = r_0$ 处时，原子间引力和斥力相等，其合力 P（即内力）为 0，故原子间距为 r_0 时，原子处于最稳定的位置。图 5-3 是理想晶体中的原子排列及其势能曲线。由图可见，原子处于 A_0、A_1、A_2 时最为稳定，如果要从 A_0 跳到 A_1 位置上去，必须越过高为 h 的势垒方可，这就有赖于外力的作用。

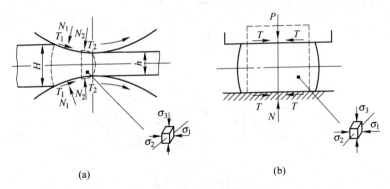

图 5 - 1 压力加工时的外力
（a）轧制；（b）锻造

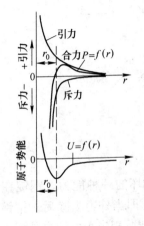

图 5 - 2 原子间的作用力

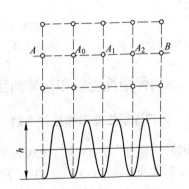

图 5 - 3 原子排列及势能曲线

5.2.2 应力状态图示

　　钢锭中的某一点所承受的应力情况，可用"应力状态图示"表示。即用一个小立方体，在其三个相互垂直的方向上有无应力和应力的指向来表示。如果应力方向垂直于小立方体的某个平面，则称为"正应力"；若应力方向平行于某个平面则称为"剪应力"（或"切应力"）。应力的单位为 N/mm^2 或 MPa。

　　如果作用在某个平面上的应力，只有正应力，没有剪应力，则称这个平面为"主平面"。主平面上的正应力称为"主应力"。主应力按其指向不同，可以是"拉应力"，也可以是"压应力"。因此可能的应力状态图示有 9 种（如图 5 - 4 所示）。即单向拉、压，双向拉、压和三向拉、压。其中拉应力的方向越多，静水压力越小，则钢锭越容易产生裂纹。压应力越大，静水压力越大，则钢锭越不容易产生裂纹，但这时要产生塑性变形，所需要的外力也越大。

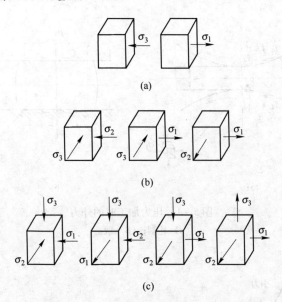

图 5-4 应力状态图示

(a) 线应力状态；(b) 平面应力状态；(c) 体应力状态

5.3 钢的弹塑性变形和拉伸曲线

5.3.1 钢的弹塑性变形和拉伸曲线

钢的"塑性"是指其产生永久变形而不破坏的一种能力。钢锭在受外力作用时，如果外力较小，则先产生"弹性变形"。即当外力去除后，钢锭会回复原来的尺寸和形状，而不产生永久变形，此时的情况相当于所加之外力不足以克服势垒的情况。只有当钢锭受到较大外力作用时，其内部的应力达到了"塑性变形条件"时，钢锭才产生永久变形。此时相当于所加之外力克服了势垒，使原子达到了一个新的稳定平衡位置的情况，这种塑性变形是不可回复的。图 5-5 是钢的拉伸曲线。曲线的 $O-A$ 段，应力和应变是直线变化关系，应力去除后，应变会回到原点，这一阶段，钢处于弹性变形阶段。当曲线超过 A 点后，随着应力的增加，应变增加不多，金属开始"屈服"，产生永久变形。当应力去除后，应变沿着基本与 OA 平行的直线回到 D 点，OD 段就是保留下来的塑性变形。当应力继续增加，应变也跟着沿抛物线增加到 C 点，然后随着应变增加，应力下降，直到钢的断裂（E 点）。人们把开始产生塑性变形时对应的 A 点应力称为"屈服极限" σ_s，将断裂前的最大

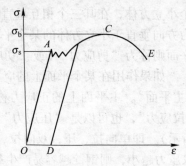

图 5-5 钢的拉伸曲线

应力称为"强度极限"σ_b，σ_s、σ_b 的单位都是 MPa。σ_s 代表钢的塑性变形能力，σ_b 代表钢的抵抗破断能力。由于温度的升高，可以增加原子的动能，且有助于原子越过势垒，达到新的稳定平衡位置。所以常用热加工来提高金属塑性变形的能力和降低其变形抗力。

5.3.2 塑性变形表示方法

塑性变形程度的表示方法有三种，一种叫"绝对变形"，一种叫"相对变形"，一种叫"真实变形"（也称"对数变形"），见图5－6。

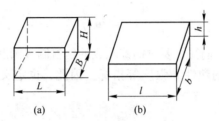

图5－6 变形表示方法
(a) 变形前；(b) 变形后

当钢锭在轧机上或锻压机上产生塑性变形时，变形可在 X、Y、Z 三个方向上同时进行。因此，可以画出如图5－7所示的三种主变形图示。钢锭在轧机平辊处的轧制和钢锭在平锤头、平砧座中的锻造，均属于第一种变形图示。即一向压缩，两向伸长。并将高向压缩称为"压下"，将宽向伸长称为"宽展"，将纵向伸长称为"延伸"。绝对变形见式（5－1），即：

压下量 $\qquad\qquad \Delta h = H - h$

宽展量 $\qquad\qquad \Delta b = b - B \qquad\qquad$ （5－1）

延伸量 $\qquad\qquad \Delta l = l - L$

相对变形见式（5－2），即：

伸长率 $\qquad\qquad e_1 = \dfrac{l - L}{L} \times 100\%$

宽展率 $\qquad\qquad e_2 = \dfrac{b - B}{B} \times 100\%$

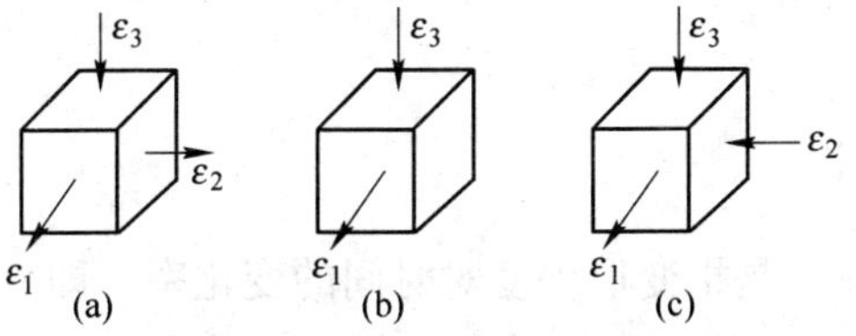

图5－7 主变形图示

压下率 $$e_3 = \frac{H - h}{H} \times 100\% \qquad (5-2)$$

式中大写符号代表变形前的尺寸，小写符号代表变形后的尺寸。

用绝对变形表征变形程度比较粗糙，但适合于钢锭轧制和锻造这种断面较大而压下量相对较小的条件，而且比较直观。真实变形用对数式（5-3）表达，即

$$\begin{cases} \varepsilon_1 = \ln \dfrac{h}{H} \\[2mm] \varepsilon_2 = \ln \dfrac{b}{B} \\[2mm] \varepsilon_3 = \ln \dfrac{l}{L} \end{cases} \qquad (5-3)$$

在工业应用上，人们往往要对钢锭轧成的钢材制成圆断面的标准试件，用以测试和比较不同钢种的塑性和强度等指标。因此，也定义了各种不同的表示方法，其中有：

伸长率

$$\delta = \frac{\Delta l}{L} \times 100\% \qquad (5-4)$$

式中 Δl——标准拉伸试样拉伸后的增长量，mm；

L——标准试样拉伸前的标距长度，mm。

断面收缩率

$$\psi = \frac{D^2 - d^2}{D^2} \times 100\% \qquad (5-5)$$

式中 D——标准试样拉伸前的原始直径，mm；

d——标准试样拉伸后的断口直径，mm。

锻造时还可用压缩变形程度来表征试件塑性的好坏。

压缩变形程度为：

$$\varepsilon_k = \frac{H_0 - H_k}{H_0} \times 100\% \qquad (5-6)$$

式中 H_0——试样镦粗前的高度，mm；

H_k——试样镦粗后，侧面出现第一个裂纹时的高度，mm。

此外，还可以用热扭转试样测试扭转时产生裂纹前的扭转角度，来判明塑性的好坏。

5.3.3 塑性变形速率

所谓"变形速率"是指变形程度对时间的变化率，即

$$\dot{\varepsilon} = \frac{\mathrm{d}\varepsilon}{\mathrm{d}t} \qquad (5-7)$$

一般采用最大主变形方向的变形速率来表示整个变形过程的变形速率，其单位为 s^{-1}，如锻造时：

$$\dot{\varepsilon} = \frac{2v_y}{H + h} \qquad (5-8)$$

式中　v_y——锤头的平均压下速度，mm/s；

　　　H——锻造前锻件高度，mm；

　　　h——锻造后锻件高度，mm。

轧制时变形区内平均应变速率为：

$$\bar{\varepsilon} = \frac{2v\sqrt{\dfrac{H-h}{R}}}{H + h} \qquad (5-9)$$

式中　v——轧辊的圆周速度，mm/s；

　　　R——轧辊工作半径，mm；

　　　H——轧制前轧件厚度，mm；

　　　h——轧制后轧件厚度，mm。

5.3.4　金属塑性加工时的热力学条件

金属塑性加工时，钢的内部组织结构将发生一系列变化，如晶粒破碎、晶格歪扭、塑性降低、变形抗力增高等。当温度变化时，还伴随着固态相变，第二相粒子析出等，使得金属内能增加，处于亚稳定状态。对同一金属而言，金属内部的自由能的变化取决于变形温度、变形程度和变形速度三个条件。

变形金属内能的变化来源于外力所做的功。此功消耗在两个方面：（1）克服金属与变形工具间接触、移动产生的摩擦力；（2）使金属产生塑性变形。其中消耗于金属变形的部分约占80%～85%，它消耗于原子由一个稳定平衡位置移动到另一稳定位置所做的功，并以变形热的方式释放出来。15%～20%用于使原子间发生晶格畸变，即转化为原子的势能，其中大部分仍以潜能形式保存在金属内。具体表现在使实际金属内产生"空位"、"间隙原子"、"位错"、"晶粒间界"、"镶嵌块边界"和"相界面"等各种缺陷，使金属内部产生原子级、显微级、宏观级的结构不均匀性，从而产生附加应力。这种附加应力在金属塑性变形后残存下来，称为"残余应力"。

5.4　影响钢的塑性的因素

5.4.1　晶格结构和变形机制对塑性的影响

金属一般是由无数个单体晶粒组成的多晶体。单晶体由晶格组成，晶格中各个节点上由溶质原子或溶剂原子所占据，形成固溶体。固溶体又分为"置换式固溶体"和"间隙式固溶体",前者溶质原子置换了溶剂原子的节点位置,后者溶质原子夹杂在溶剂原子之间。

按晶格节点上原子排列的不同,金属的晶格可分为面心立方、体心立方、密排六方等三种,见图5-8。由于晶体在外力作用下,其一部分要沿着一定晶面和晶向相对于其他部分产生"滑移",并完成塑性变形的过程。这种晶面和晶向一般是原子排布最密,滑移阻力最小的面和方向,因此,人们将滑移面和滑移方向数值的乘积称为"滑移系"。滑移系愈多,金属的塑性就愈好。体心立方和面心立方滑移系都是12个,所以塑性好。密排六方滑移系只有3个,所以塑性差。钢在高温下,可能是面心立方的奥氏体,也可能是体心立方的铁素体,所以塑性较好,而镁、钛、锆等密排六方晶格金属热轧时塑性差,容易产生裂纹。

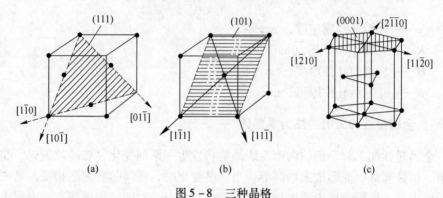

图5-8 三种晶格

(a) 面心立方晶体;(b) 体心立方晶体;(c) 密排六方晶体

研究表明,金属产生塑性变形的机制,有滑移、孪生、晶块转动和非晶机制等多种,而滑移与晶格节点的"位错"移动有关。也就是说,滑移并不是滑移面上所有的原子同时产生相对的滑动,而是在其局部区域首先产生位错,并逐步扩大,接着一步一步地传递开去,最终才完成了整个面上的滑移。晶体的滑移过程,实际上是在外力的作用下,位错不断移动和增殖的过程。

除此之外,晶体在滑移时还会产生转动(见图5-9),如果晶体的滑移同时在几个滑移面或滑移方向上产生,则产生"双滑移"。研究表明,塑性变形的机制除了位错和滑移外,还有"孪生"机制(见图5-10)、晶粒之间的黏性晶界扩散机制和晶块内的转动机制,在此不一一列举。孪生的产生不但与晶格特性有关,还与变

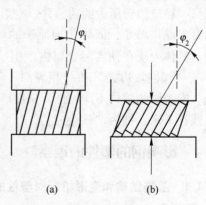

图5-9 晶体的转动($\varphi_2 > \varphi_1$)

(a) 压缩前;(b) 压缩

形条件有关，当变形速率增加时，可促使孪生的产生，变形温度的降低也有利于孪生的产生。孪生也可以在固体相变时或再结晶时产生。

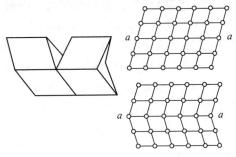

图 5 – 10　孪生

以上所述的是晶粒内部变形机制，而钢锭的铸造组织属于多晶体结构，除单个晶体间的塑性变形外还存在着晶粒间的变形机制。多晶体塑性变形时，由于各晶粒所处位向不同，其产生塑性变形的难易程度不同，变形的先后也不同，因此可以产生相邻晶粒间的移动和转动。由于晶界上往往存在杂质原子，以及晶粒间犬牙交错，因此要使晶界产生塑性变形需要更大的外力。塑性变形可以使晶粒间原有的联系遭到破坏，出现显微间隙或显微裂纹，但同时由于晶格间原子动能较大，金属原子会产生溶解、沉淀的扩散过程，又使上述间隙和显微裂纹得以消除，这两个作用相互竞争，最后确定晶界处是否开裂和塑性的好坏。

5.4.2　钢的化学成分对塑性的影响

金属的塑性随着其纯净度的增加而提高，因此，合金的塑性均比纯金属要低。如钢中加入锰、铬、钼、铌、钒、钛等合金元素时，它们会与钢中的碳或氮形成碳氮化物，这些物质硬而脆，因而能增加钢的强度和硬度，但使其塑性降低。特别是当一些脆性相以网状分布在晶界上时，其影响更大。钢中的硫、磷、氮、氢、氧等会引起钢的热脆、冷脆、时效脆性和氢脆，也降低了塑性。钢中其他有害元素如锡、铅、铜、锑、铋等常以单质形式存在于晶界处，形成一种薄膜，弱化了晶界，从而会引起晶界开裂。在合金钢中，如某些合金元素的加入量不当，也会在钢的加热和冷却过程中，以"过剩相"的形式析出，形成金属间化合物和氧化物，从而使塑性下降，甚至产生内裂。所以对一些高合金钢要控制其化学成分范围。

5.4.3　钢的组织对塑性的影响

一般来说，单相组织的塑性比两相或多相组织塑性好，固溶体比化合物的塑性好。钢中的第二相，如果硬度比基本相低，则对塑性有利；若为硬相，则对塑性不利。钢中的夹杂若呈球形存在，则对塑性的不利影响小；若为片状、串状、尖棱状，则对塑性不利。

钢的晶粒细小，则有利于提高塑性；而晶粒粗大，则对塑性不利。因此，从铸造、压力加工、加热、冷却过程中，都要设法细化晶粒。如铸造中加大过冷度，实施各种电磁或机械搅拌和振动；压力加工前加热时控制加热温度、加热时间，防止晶粒长大。压力加工时采用大的压缩比，并在轧制、锻造、热处理过程中，充分利用相变、再结晶细化晶粒，控制变形后的冷却速度防止晶粒的重新长大等。晶粒度对塑性的影响，可用 Hall – Petch 公式反映出来：

$$\sigma_s = \sigma_0 + K_f d^{-\frac{1}{2}} \tag{5-10}$$

式中 σ_s——钢的屈服极限，N/mm^2；

σ_0——铁素体的内摩擦应力，N/mm^2；

K_f——系数；

d——铁素体的晶粒直径，mm。

由此可见，铁素体的晶粒越细，钢的屈服极限越高。晶粒度对冲击韧性的影响可由式（5-11）表示：

$$\sigma_s = f_a \sigma_a + f_p \sigma_p + f_a K_f d^{-\frac{1}{2}} \tag{5-11}$$

式中 σ_a，σ_p——分别为完全铁素体、完全珠光体的内摩擦应力；

f_a，f_p——分别为铁素体、珠光体的体积分数，$f_a + f_p = 1$。

工业上将晶粒度分为十二级，有专门的评级图，晶粒越大，级数越小。

5.4.4 压力加工中的加工硬化和回复再结晶的影响

在热压力加工过程中，伴随着晶粒破碎、转动和位错塞积等使钢的塑性下降，变形抗力提高的现象，叫做"加工硬化"。而在高温条件下由于原子动能增加，被破碎的晶粒重新整合、歪扭的晶格重新规整叫"回复"。新的晶核重新产生和长大的过程，叫"再结晶"。回复和再结晶，使钢的塑性重新提高，变形抗力重新降低。

在再结晶温度以上热加工时，由于加工硬化和回复再结晶过程同时进行，所以在晶粒细化的同时，塑性和变形抗力的变化不是很大。如果上述加工硬化作用大于回复和再结晶的软化作用，则钢的变形抗力才逐渐提高，塑性逐渐降低。伴随着压力加工变形过程的同时产生的回复、再结晶，叫做"动态回复和动态再结晶"，在两个道次之间的间隙时间内的回复和再结晶叫做"静态回复和静态再结晶"，此时没有加工硬化过程，只有回复和再结晶过程。

5.4.5 温度对塑性的影响

温度对塑性的影响如图 5-11 所示。从 -200℃到钢的固相线温度区间，存在几个低塑性区。在极低温度下，由于原子动能很低，所以金属的塑性也很低。因此，对于低温环境中工作的钢种，要尽可能提高其塑性（如细化晶粒、优化其化学成分等），保证低温冲击韧性。

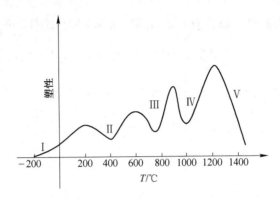

图 5 – 11　钢的塑性与温度的关系

第二个低塑性区出现在 400℃ 左右，与钢中的氮化物、氧化物在晶界和滑移面上析出有关。因为在此温度下，钢的表面因氧化呈蓝色，故名为"蓝脆区"，要避免在此温度区间压力加工。

根据作者多年来现场科研实践发现，第三个低塑性区出现在 700 ~ 800℃，与钢中脆性的碳、氮化物析出和钢的相变有关。

第四个低塑性区出现在 1000℃ 左右，与晶界析出 FeS – FeO 共晶有关，该共晶熔点为 910℃，它的析出使晶界弱化，又名"红脆区"。

当温度超过 1250℃ 后，晶粒开始长大，在更高的温度下，产生"过热"（即钢的晶粒变得粗大），使钢的塑性下降，或产生"过烧"（即晶界被氧化或熔化），使塑性急剧下降，压力加工时钢锭产生碎裂。"过热"的钢锭可以通过冷却，然后再加热，用相变重结晶加以挽救，而"过烧"的钢锭只能报废。因此要控制好最高加热温度（一般在钢种固相线以下 100 ~ 150℃）。

在接近钢的固相线温度附近，是钢的"零塑性"或"零韧性"区，在此温度区间不能进行压力加工。

5.4.6　应力状态对塑性的影响

如前所述，应力状态对钢的塑性有重要影响。当钢处于三向压应力状态时，塑性得到加强；当处于三向拉应力状态时，塑性急剧减弱。因此压力加工时应控制好应力状态，防止各种由于温度不均，变形不深透和变形不均所引起的附加拉应力。

5.5 压力加工时的变形深透条件

5.5.1 锻造时的变形深透条件

在平锤头自由锻时，随着原料断面高径比的不同，锻件将产生不同的变形状态（如图 5-12 所示）。设镦粗前锻件的高度为 H_0，直径为 D_0。则当 $\frac{H_0}{D_0} > 3$ 时，锻件将失稳，产生弯曲；当 $2 \leqslant \frac{H_0}{D_0} \leqslant 3$ 时，变形不深透，锻件侧面出现"双鼓形"；当 $\frac{H_0}{D_0} < 2$ 时，变形深透，锻件侧面出现单鼓形；当 $\frac{H_0}{D_0} < 0.5$ 时，变形更加深透，与此同时，变形抗力急剧增加。

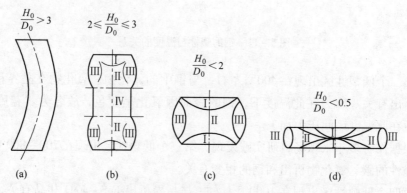

图 5-12 高径比对镦粗变形的影响

（a）产生弯曲；（b）双鼓形；（c），（d）单鼓形

Ⅰ—难变形区；Ⅱ—大变形区；Ⅲ—小变形区；Ⅳ—均匀变形区

在上述变形过程中，可将锻件内部分成数个区域，Ⅰ区由于直接和变形工具接触，受到表面摩擦力的制约，金属变形困难，属于难变形区。Ⅱ区处于锻件中部，表面摩擦力的影响较小，在 45°方向上有最大切应力产生，因此最容易产生塑性变形。Ⅲ区处于锻件侧面，属于中等变形区，受到Ⅱ区金属横向变形的影响，向外鼓胀，而侧面又无变形工具的制约，所以变形处于中等程度。Ⅳ区是在变形未深透条件下，只产生弹性变形。上述的变形不均匀则会引起钢锭内部组织、性能不均，和应力状态的不同。

在Ⅰ区，由于表面摩擦力在 X、Y 方向限制锻件变形，在 Z 方向又有锤、砧座的作用，故在Ⅰ区的应力状态为三向压应力，此区域内不会产生裂纹。在Ⅱ区内，由于受到Ⅰ区和Ⅲ区的限制，应力状态也是三向压应力，但由于在 45°方向上存在最大切应力，所以塑性变形易于进行，加上应力状态较好，所以钢锭内的疏松、气泡、微裂纹得以焊合。在Ⅲ区内，由于Ⅱ区塑性变形向外鼓胀的作用，使其应力状态变为两向压、一向拉。在Ⅲ区的最外侧，由于比表面积增大，表面会产生环向拉应力，如果钢锭表面存在缺陷，会在此拉应力作用下，产生表面裂纹。在Ⅳ区范围内，应力状态特别不利，其高向承受工具作用产生压应力，而长向和宽向均因受Ⅲ区的作用而产生拉应力，此时钢锭芯部的原有缺陷均会被扩大。图5-13是镦粗时钢锭各部的应力状态图。

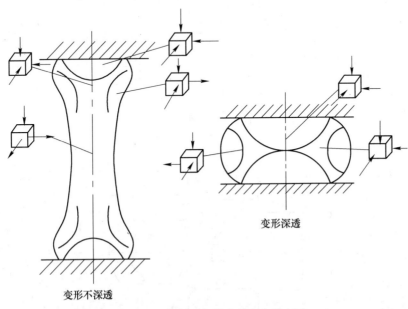

图5-13 镦粗时钢锭内的应力状态图

对于锻造时的拔长，钢锭各部应力状态与道次送进量和压下量有关（如图5-14所示）。当送进量 l_0 与锻件原始厚度 h_0 之比小于0.5时，变形不深透，在锻件侧部产生"双鼓形"；当 l_0/h_0 大于0.5后，变形趋于深透，锻件端部出现凸形，锻件侧面产生单鼓形。因此在拔长时道次送进量不能太小。在变形不深透阶段，钢锭芯部的应力状态也是一向压、两向拉；在变形深透条件下，钢锭芯部承受三向压应力状态。

由以上分析可知，在变形未深透阶段，钢锭内部原始缺陷将被扩大，在变形深透阶段，钢锭内部缺陷将得到压合或焊合。由此可见，从钢锭开锻到终锻，其内部应力状态是随着其断面高度减小而逐渐改善的，为了减少不利应力状态的影响，人们采取了以下措施：

（1）在条件允许时，钢锭断面高度不要太高，并不是从锭到材"压缩比"愈大愈好；

（2）尽可能增大压下量，使变形尽快深透，防止不利应力状态的积累；

（3）锻伸时应控制好每道的送进量，尽可能增大 l_0/h_0；

（4）锻伸时用 V 型砧取代平锤头和平砧，以增加横向压应力；

（5）镦粗时在钢锭上、下表面加金属软垫，减少钢锭与工具间的摩擦阻力，减少表面鼓形变形。

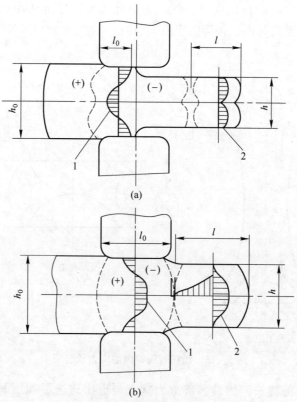

图 5-14 拔长时钢锭内部的应力状态

（a）$l_i / h_i < 0.5$；（b）$l_i / h_i > 1$

1—轴向应力；2—轴向变形

5.5.2 轧制时的变形深透条件

轧制时钢锭在变形区内的应力状态与锻造拔长时大同小异如图 5-15 所示。只不过由于轧辊和轧件的接触面是个弧形，所以变形不深透的条件是：

变形不深透：

$$\frac{l}{h_c} < 0.5 \qquad (5-12)$$

变形深透：

$$\frac{l}{h_c} > 0.5 \qquad (5-13)$$

式中　l——变形区的水平投影长度，mm，$l = \sqrt{R \Delta h}$；

　　R——轧辊的工作半径，mm；

h_c——变形区的平均断面高度，mm；

Δh——压下量。

由图 5 – 15 可见，当变形不深透时，钢锭的芯部仍然是一向压两向拉的不利应力状态，钢锭侧面的双鼓外侧仍然存在拉应力。因此，为防止钢锭产生内、外裂纹，钢锭断面高度应尽可能减少，压下量应尽可能加大，但此时的压下量受到"咬入条件"和轧机能力限制。为防止钢锭侧面产生裂纹，应尽快进行第一次翻钢，防止侧面拉应力积累，同时要尽早进入孔型内轧制，避免在平辊上轧制过多道次，此时孔型侧壁的限制展宽作用，将使钢锭侧面产生横向压应力。

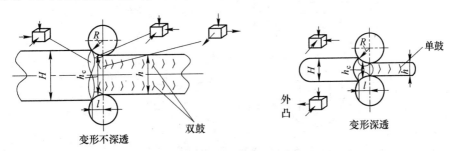

图 5 – 15 轧制时变形区内的应力状态

5.6 压力加工时的变形规律

5.6.1 "体积不变法则"和不均匀变形的作用

在钢锭的压力加工过程中，由于钢锭和变形工具之间摩擦力的作用、变形工具和钢锭原始断面形状尺寸不同以及变形深透程度不同，整个钢锭长度和断面上的塑性变形并不是均匀的。也就是说，钢锭断面上各点的变形程度和变形速率是不相同的。高向变形的金属要流向宽向（宽展）和长度方向（延伸），在忽略钢锭加工时由于压合疏松、气泡、微裂纹时的体积变化，和由于相变产生的体积变化，以及氧化铁皮损失时，在压力加工的温度范围内，可以认为钢锭的体积是不变的，并以此推导其变形规律，计算变形前后的断面形状和尺寸，这就是"体积不变法则"。如前所述，在变形不深透阶段，钢锭只产生"表面变形"，其侧面出现双鼓形；头、尾的宽向由于立轧的作用，出现"鱼尾形"；头尾厚向出现"轧凹形"。在变形深透条件下，其侧面出现"单鼓形"，头尾出现"圆凸形"。这些不均匀变形如果不能消除，将会以切头、切尾、切边形式切除，造成钢锭成材率降低（如图 5 – 16 所示）。

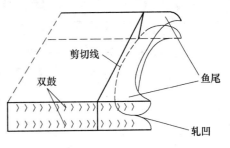

图 5 – 16 鱼尾、轧凹和双鼓形

5.6.2　"最小阻力法则"的作用

"最小阻力法则"是指当金属有向各个方向变形的可能时，优先向阻力最小的方向变形。例如扁钢锭轧成板坯时，头、尾宽度方向上出现"舌形"；长度方向的中部宽度会比头、尾大，平面呈"腰鼓形"（见图 5 – 17）；方形截面钢锭镦粗时断面会变成圆形等。

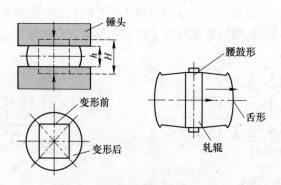

图 5 – 17　"最小阻力法则"作用

5.6.3　"外端"的作用

"外端"是指钢锭塑性变形区以外的部分。"外端"的存在，限制了塑性变形区内金属的流动，起到了"强迫拉齐"的作用，因而会对塑性变形区内的金属产生附加压应力。对锻造而言，已锻过和未锻过的部分，对正在锻造的部分就起到了"外端"作用。当钢锭轧制时，进钢端前部没有"前外端"，只有"后外端"，抛钢端后部没有"后外端"，只有"前外端"，待轧到钢锭长度的中间时，既有前外端又有后外端，所以钢锭的头尾属于"非稳定态轧制区"，不均匀变形程度要更大一些（见图 5 – 18）。

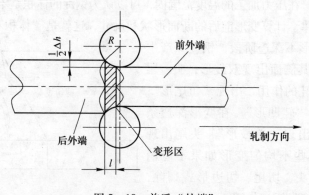

图 5 – 18　前后"外端"

对锻造而言，当用平锤头、平砧对钢锭进行拔长时，已拔长的部分，与尚未拔长的部分对正在变形的区域作用是不同的，后者在外端与塑性变形区之间还存在着剪切作用。同样道理，在轧制时，由于变形轧辊属于"凸形工具"，变形区内的金属大部分相对辊面向"后滑区"方向移动，因此，钢锭抛钢端的轧凹，要比进钢端轧凹大 1.2 ~ 1.6 倍。但由于钢锭在初轧机上采用"可逆轧制"，前一道次的进钢端到了下一道就成了抛钢端，前后外端作用交替进行，所以最终结果，钢锭前后端的轧凹就不会差很多。但如果在钢坯连轧机上进行一个方向连轧，则由于前后外端不能交替，上述外端作用就会逐渐积累。

5.6.4 不均匀压下的作用

在轧制或锻造时，如果用的不是平辊或平锤头，或由于钢锭断面不是方形或矩形，则会造成在钢锭宽度方向上的不均匀压下。例如，在平辊或平锤头间加工圆断面钢锭，或在扁钢锭立轧后侧边产生双鼓形，然后再翻钢90°平轧，此时原来双鼓部分的相对压下量和延伸就会加大。再如，用凸形锤头或轧辊加工矩形断面钢锭，造成钢锭断面中部局部压下量增大，都会造成不均匀压下，这时压下量大的部位延伸大，就要牵扯压下量较小的部位，强迫它变形，使其产生附加拉应力，而变形量较小的部位也要限制压下量大的部位的变形，从而对压下量大的部位造成附加压应力。这种不均匀压下，一方面会造成钢锭的强迫展宽，另一方面有时因附加拉应力过大造成钢锭局部拉裂。所以钢锭在压力加工过程中，要限制和利用这种不均匀压下。

5.6.5 "翻平"的作用

钢锭在压力加工过程中，由于比表面积逐渐增大，靠近表面的内部金属，会逐渐转移到表面上来，接近表面的气泡、夹杂也可能暴露出来。另一方面，由于钢锭的延伸和宽展，靠近端面（如钢锭本体和保温帽部接口线处，由于存在夹杂和小飞翅等）的侧面的金属会有一部分"翻平"到钢锭表面上来（见图5-19）。如果翻平的部分表面质量不佳或造成"折叠"缺陷，就会造成附加的切头损失。因此，在钢锭模设计时要采用特殊手段将过渡区域圆滑过渡。

5.6.6 变形工具形状的作用

锻造时由于采用平锤头和平砧，所以镦粗时，金属各个方向受力均等，变形也是均等的。但轧制时，轧辊和金属的接触面是一个弧面，加上轧辊转动，所以大部分变形金属将流向"后滑区"。所谓"后滑区"是指在变形区中，相对辊面的中性线向后方移动的金属区（见图5-20）。

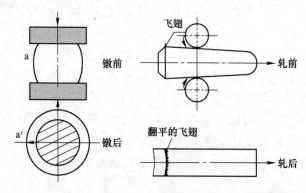

图 5 – 19 翻平的作用

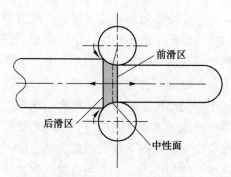

图 5 – 20 轧制时的前后滑区

5.7 钢的压力加工变形抗力

5.7.1 变形抗力

钢在压力加工过程中承受外力，强迫钢的原子脱离原有稳定平衡位产生塑性变形，因而在钢的内部要产生反抗塑性变形的抗力。将单位截面积上的这种抗力定义为"变形抗力"，以 MPa 表示。

通常，钢的变形抗力可以用单向应力状态下测得的屈服应力来衡量。但实际的轧制和锻造过程中，钢锭内部各点都不是单向应力状态。因此，在主作用力方向上测得的单位面积变形力，都要比单向应力状态下测得的变形抗力大，其关系见式（5 – 14）：

$$\bar{p} = \sigma_s n_\sigma \tag{5 – 14}$$

式中　$\bar{p}$——主作用力方向上的平均单位变形力，MPa；

　　　σ_s——单向应力状态下的变形抗力，MPa；

　　　n_σ——应力状态影响系数，$n_\sigma \geqslant 1$。

应当提出的是，当测试单向拉伸的变形抗力时，必须是在拉伸试件未产生

"细颈"之前，即变形程度不大于20% ~30%时，以保证此时试件真正处于单向拉应力状态下。

5.7.2 影响变形抗力的因素

5.7.2.1 化学成分的影响

A 碳

在较低温度下，随着钢中含碳量的增加，变形抗力提高，而当温度升高时其影响减弱（见图5-21）。这一方面是由于碳原子以间隙式固溶体方式存在于铁素体晶格中，引起晶格畸变的结果。另一方面，随着温度的提高，原子动能提高，故塑性变形所需的应力降低。

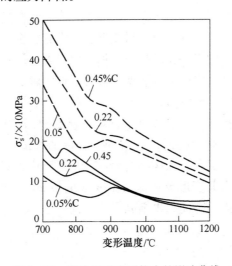

图5-21 碳含量对变形抗力的影响曲线

B 锰、硅

锰和硅都是强化铁素体的元素，随着钢中含锰量或含硅量的提高，变形抗力增加。当钢中含锰量超过2.0%以后，锰的作用愈加明显。而含硅量1.5% ~ 2.0%的结构钢比中碳钢的变形抗力要高出20% ~25%。

C 铬、镍

铬和镍也能提高钢的变形抗力，特别对含碳较高的铬钢，效果更加明显。含镍较高的钢比含镍较低钢的变形抗力的提高比例增大。

D 铌、钒、钛、硼等微量元素

铌、钒、钛、硼等微量元素加入钢中的量虽然不多，但由于它们能和钢中的碳、氮形成高熔点的小质点，可以细化晶粒，增加晶界和钉扎位错的移动，因而也能显著提高钢的变形抗力。这就是低合金高强度钢的物理基础。

5.7.2.2　金相组织结构的影响

钢的晶粒愈细，晶界所占比例愈大，变形抗力也愈高。当钢中存在第二相时，由于两个相的互相牵扯作用，变形抗力也会增加。例如，钢中的珠光体是 $\alpha - Fe$ 和 Fe_3C 的混合物，所以珠光体的变形抗力就比铁素体高。

5.7.2.3　变形温度的影响

钢的变形温度对变形抗力的影响是通过温度对原子活动能力的影响、滑移系统开动程度的影响、对加工硬化后的回复和再结晶的影响以及对晶界上的溶解—沉淀机制的影响来体现的。其情况比较复杂，需要区别不同的条件，综合考虑。但总的趋势是随着温度的提高，变形抗力降低。

5.7.2.4　变形速率的影响

对每一种金属材料，在设定的温度条件下，都有其特征变形速率。在小于特征变形速率的范围内，改变变形速率对变形抗力没有影响，但一旦超过特征变形速率，则随着变形速率的提高变形抗力增加，但二者不是线性关系，因为此时还有变形热来不及散发而使温度上升、变形抗力降低的影响。

5.7.2.5　变形程度的影响

变形程度对变形抗力的影响取决于钢的材质和变形条件。由图 5－22 可见，当变形金属处于完全硬化状态时，随着变形程度的增加，变形抗力增大（曲线1）。但在高温条件下，某些铁素体类合金在变形过程中，只产生动态回复，所以当变形达到一定程度后其变形抗力保持不变（曲线2）。对奥氏体类合金，当变形达到一定程度后，因为有动态再结晶出现，使变形抗力下降，直到软化程度和硬化过程相平衡为止（曲线3和4）。

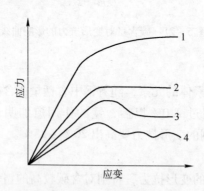

图 5－22　变形程度对变形抗力的影响

5.7.2.6　应力状态的影响

在其他条件相同时，随着三向压应力状态的增强，钢的变形抗力增加，这对各种金属的影响都是相同的。

5.8 屈服条件

屈服条件是研究钢的内部应力达到何种水平时，钢才产生塑性变形。如前所述，在简单拉伸时，应力达到屈服极限时，钢就开始塑性变形，那么在复杂应力状态下，又如何呢？Tresca 根据最大切应力理论推导出 Tresca 屈服条件，即：

$$\tau_{\max} = \frac{\sigma_1 - \sigma_3}{2} = c \tag{5-15}$$

式中　$\tau_{\max}$——作用在金属内部的最大切应力，MPa；

　　σ_1，σ_3——由外力引起的最大、最小主应力，MPa。

上式说明，当钢内的最大切应力达到某一定值时，金属即开始产生塑性变形，此定值取决于最大、最小主应力的差值。

Mises 根据变形能定值理论推导出 Mises 屈服条件，即：

$$\sigma_1 - \sigma_3 = m\sigma_s \tag{5-16}$$

式中　σ_1，σ_3——最大、最小主应力，MPa；

　　m——考虑中间主应力 σ_2 影响的系数，$m = 1 \sim 1.155$；

　　σ_s——单向拉伸时的屈服极限，MPa。

此式说明：金属是否产生塑性变形，与其三向应力大小、方向及金属本身的屈服极限有关。

5.9 平均单位压力

当金属产生塑性变形时，作用在金属与工具间的单位面积上的压力分布是不均匀的，人们习惯于将与主作用力方向垂直的平面上单位面积上的压力称为"平均单位压力"。由研究可知，平均单位压力与金属的屈服极限，金属与变形工具间的摩擦状态有关，同时还和压力加工变形程度、变形速度有关，情况比较复杂。为此，不同的学者用"工程法"、"滑移线场法"、"上下界法"、"有限元法"等方法研究塑性加工变形时的平均单位压力，并以它为基础，计算出塑性变形时所需的外力和变形功率（如轧机和锻压机所需的力和功率）。

常用的平均单位压力计算公式有：斋藤好弘公式、艾克隆德公式、古布金公式、柴利柯夫公式等。对于锻造、初轧等加工钢锭的场合来说，由于钢锭和变形工具间常存在粘着区，外端作用的影响也比较大，有自身的压力加工变形特性，故一般采用斋藤好弘公式或艾克隆德公式计算平均单位压力。

5.9.1 斋藤好弘公式

该公式是适用于平锤头压缩厚锻件，具体描述如下：

$$\bar{p} = \left(0.785 + 0.25 \frac{h}{l} \right) k \tag{5-17}$$

式中　$\bar{p}$——平均单位压力，MPa；

　　　h——变形区的高度，mm；

　　　l——变形区的长度，mm；

　　　k——金属的平面变形抗力。

5.9.2 艾克隆德公式

艾克隆德公式适用于热轧含锰量小于 1.0% 的钢，具体描述如：

$$\bar{p} = (1 + m)(k + \eta \, \bar{\dot{\varepsilon}}) \tag{5-18}$$

式中　m——外摩擦影响系数。

$$m = \frac{1.6\sqrt{R\Delta h} - 1.2\Delta h}{H + h} \tag{5-19}$$

式中　R——轧辊工作半径，mm；

　　　Δh——道次压下量，mm；

　　H, h——道次轧前轧后断面高度，mm。

$$k = (14 - 0.01t)(1.4 + C + Mn) \tag{5-20}$$

式中　t——道次轧制温度，℃；

　C, Mn——钢中的碳、锰百分含量。

$$\eta = 0.01(14 - 0.1t)（钢的黏性系数） \tag{5-21}$$

式中　t——钢的道次轧制温度，℃。

$$\bar{\dot{\varepsilon}} = \frac{2v\sqrt{\dfrac{H - h}{R}}}{H + h} \tag{5-22}$$

式中　$\bar{\dot{\varepsilon}}$——钢的平均变形速率；

　　　v——该道次的轧制线速度，mm/s。

由以上公式可见，随着压力加工道次的增加，钢锭温度降低、变形深透程度和变形率的增加，平均单位压力也是增加的。

5.10 总轧制力和锻压力

5.10.1 总轧制力

总轧制力可表示为：

$$P = \bar{p}F \tag{5-23}$$

式中　F——变形区面积的水平投影，mm^2。

对于轧制：

$$F = \frac{b_1 - b_0}{2}l \tag{5-24}$$

式中 $\dfrac{b_1 - b_0}{2}$——变形区的平均宽度；

l——变形区接触弧长度，$l = \sqrt{R\Delta h}$ 。

$$b_1 = b_0 + \Delta b$$

Δb 为道次宽展量，可用古布金公式计算：

$$\Delta b = \left(1 + \frac{\Delta h}{H}\right)\left(f\sqrt{R\Delta h} - \frac{\Delta h}{2}\right)\frac{\Delta h}{H} \tag{5-25}$$

式中 f——钢和摩擦工具间的摩擦系数。

$$f = (1.05 - 0.0005t)k \tag{5-26}$$

式中 t——该道次的温度,℃；

k——轧制速度、轧辊材质等对摩擦系数的影响系数，对钢轧辊 $k = 1.0$，
对铸铁轧辊 $k = 0.8$，热轧时，一般 $f = 0.35 \sim 0.5$。

5.10.2 锻压力

对平砧自由锻造：

$$P = \bar{p}F$$

$$F = \frac{b_1 - b_0}{2}l \tag{5-27}$$

式中 l——每锻一道的送进量，mm；

b_0，b_1——锻前和锻后锻件宽度，mm。

5.11 锻造的变形功和轧制时的轧制力矩

5.11.1 锻造时的变形功

平砧自由锻造时的总变形功：

$$A = \bar{p}_m V l_n \frac{h_0}{h_n} \tag{5-28}$$

式中 $\bar{p}_m$——平均单位压力，MPa；

V——锻件体积，mm^3；

h_0——锻前厚度，mm；

h_n——锻后厚度，mm。

对于多次锤击，可取 $p_m = 0.6\bar{p}_m$，此时的总变形功为：

$$A_E = 0.6\bar{p}_m V \frac{2(h_0 - h_n)}{h_0 + h_n} \tag{5-29}$$

5.11.2 轧制时的轧制力矩及功率

轧制力矩可由下式计算：

$$M = 2Pxl = 2PxR\Delta h \tag{5-30}$$

式中　x——轧制力作用点系数，对轧制钢锭而言，由于单位压力峰值偏向变形
　　　　　区入口，故合力作用点系数 x 应大于 0.5，一般取为 0.6。

电机传动轧辊所需转矩为：

$$M_S = M + M_f + M_0 + M_d \tag{5-31}$$

式中　M_f——轧辊轴承中的摩擦力矩与传动机构中的摩擦力矩之和，N·m。

$$M_f = P \cdot d \cdot f \tag{5-32}$$

式中　P——总轧制力，N；

　　　d——轧辊辊颈直径，m；

　　　f——轧辊辊颈和轴承之间的摩擦系数。

　　　M_0——空载力矩，N·m，是由轧辊本身和传动部件本身重量在各自轴承间
　　　　　造成的摩擦力矩，一般为总力矩的 5%；

　　　M_d——动力矩，N·m，是由于初轧机电机加减速时为克服原有惯性力所产
　　　　　生的力矩（三辊开坯机没有这种力矩）。

$$M_d = \frac{GD^2}{375} \cdot \frac{d_n}{d_t} \tag{5-33}$$

式中　GD^2——电机转子及传动部件的转动惯量，kg·m²；

　　　$\dfrac{d_n}{d_t}$——电机的角加速度，m/mm²。

电机所需功率（kW）为：

$$N = 1.03M_s n \tag{5-34}$$

式中　n——电机转速，r/min。

5.12　压力加工时的压下量的确定和压下规程

　　根据前述压力加工和塑性变形原理，为了把钢锭断面尺寸加工成成品尺寸，
必须确定轧制道次，分配各道的压下量，估计每道的宽展量、延伸量，并确定何
时翻钢，统称设计压下规程。

5.12.1　道次压下量的确定

　　钢锭压力加工时各道的压下量受到诸多因素的限制。如果钢锭的塑性不好，
加工时容易产生裂纹，则前若干道次就不能采用太大的压下量锻造和轧制，待加
工到一定程度塑性有所改善后才能给予较大的压下量。而对塑性较好的钢种来
说，可以采用较大压下量锻造或轧制，以促使变形尽快深透，减少不均匀变形带
来的不利影响和提高生产效率。对于锻造来说，当采用多角形钢锭时，锻造的第
一步是"倒棱"，即将多角形的钢锭棱角打平变成圆断面，然后再加工成方、

圆、扁断面。因此，在这个阶段中压下量也不能太大，防止产生角部"折叠"。压力加工的最后阶段无论锻造还是轧制都要整形、控制断面尺寸精度，因此压下量也不能太大。

　　除此之外的其他道次中，原则是趁钢锭温度高、塑性好、变形抗力低而给予较大的道次压下量，以提高生产效率并促使变形深透，减少不均匀变形带来的切头、切尾、切边的损失。此时对锻造来说，道次压下量取决于锻机的能力和每道次的送进量。由于锻机的总锻造压力是一定的，因此大锻件或道次送进量大的场合下压下量就相对较小，否则压不动。对轧制而言，道次压下量受咬入条件、轧辊强度和电机功率的限制。

　　咬入条件是指钢锭能被轧辊转动时的表面摩擦力拽入辊缝中的能力，它与轧辊直径、材质、转速和辊面粗糙度等条件有关。咬入条件允许的最大压下量 Δh_{max} 可用式（5-35）计算（见图5-23）。

$$\Delta h_{max} = D_1(1 - \cos\alpha) \tag{5-35}$$

式中　D_1——轧辊的工作直径，mm；

　　　α——允许咬入角。

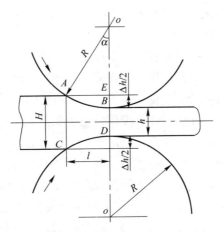

图 5-23　轧制时的咬入条件

　　在轧辊材质为钢、表面线速度 0.5mm/s 以内，钢锭温度为 1150℃ 的条件下，咬入角可达 28°。轧辊直径为 φ1100mm 时，咬入允许的最大压下量可达 80~90mm 左右，超过此压下量钢锭与轧辊间产生打滑，轧制无法进行。由于钢锭存在锥度，所以小头朝前进钢有利于咬入。

　　另外，如果压下量过大，轧制力和轧制力矩也愈大，轧辊有可能被轧断，电机也可能堵转跳闸。因此对轧制而言，道次的最大压下量必须同时满足咬入条件、轧辊强度和电机能力的要求。而对锻压机则压下量要求在锻压力允许的范围之内。

5.12.2 翻钢道次的确定

制定压下规程还必须考虑何时翻钢，这是轧制、锻造钢锭的另一面的问题，要考虑翻钢后钢锭断面的稳定性。一般在没有外力扶持的条件下钢锭断面的高宽比应不超过1.7。在有轧辊孔型侧壁夹持或锻压机有操作机夹钳的夹持下高宽比可以更大一些。对轧制而言，由于钢锭轧制成方坯、圆坯是在辊身上的孔型内完成，因此进孔型的轧件宽度应小于孔型槽底宽度，出孔型的轧件宽度应小于孔型槽口的宽度，以防止在钢锭侧面轧出"耳子"，翻钢后再轧制时产生折叠。最后，当钢锭轧成成品时还要保证成品的尺寸公差，这就要正确估计每轧一道的宽展量。锻造与轧制相比，由于自由锻是在平锤头上进行，没有孔型的限制，所以制定压下规程相对简单一些，当然产品的尺寸公差也会大一些。

5.13 压力加工过程中钢锭的组织性能变化

在由钢锭轧制、锻造成材的过程中，钢锭的组织结构也在不断地发生变化。随着塑性变形的进行，钢锭中的原始粗大柱状晶、等轴晶被破碎，集中的偏析被分散，大颗粒夹杂被细化，一些塑性夹杂如 MnS 等被拉长，成为"纤维组织"，使钢的性能产生了方向性。

一般可将钢锭的压力加工过程分为三个阶段，即奥氏体再结晶区的变形和奥氏体未再结晶区的变形以及在奥氏体、铁素体两相区或奥氏体、渗碳体两相区的变形。随着变形温度的降低，钢锭中有 C、N 化物析出和新相形核、长大以及新相晶粒破碎变形过程，钢锭的塑性、变形抗力也随之发生变化。而且钢锭的原始组织结构对后续的钢材组织结构有一定的遗传作用和影响。因此，在锻造异形件时要使上述的纤维组织与锻件方向平行，防止切断其纤维组织。

在奥氏体再结晶温度区间，由于温度较高，原子动能较大，因此存在加工硬化和回复、再结晶同时进行的过程。如前所述，加工硬化是由于晶粒破碎、转动、晶格歪扭、位错塞积等原因引起钢的塑性降低，变形抗力增高的过程。而回复和再结晶是晶格歪扭、晶粒破碎重新圆整化，位错重新开动的过程，使钢的塑性又提高，变形抗力又降低的过程。在每一道次进行的过程中，发生动态再结晶和动态回复，在两个道次的间隙中发生静态再结晶和静态回复。

在奥氏体未再结晶温度区间内，由于温度进一步降低，原子动能减少，由于塑性变形造成的晶粒破碎、晶格歪扭的重新圆整化不能充分进行，此时加工硬化的影响大于回复和再结晶的作用，而使钢的变形抗力显著增加，晶粒内的滑移带、亚晶增多，钢中的 C、N 化物也开始析出，从而为后续的新相形核创造了有利条件，并促使固态相变后的晶粒细化。

在奥氏体、铁素体两相区内的压力加工或奥氏体、渗碳体两相区内的压力加工，会对其后形成的铁素体、珠光体产生影响，可进一步细化铁素体晶粒或减少珠光体片层间距，并随着变形后冷却强度的不同，形成索氏体、贝氏体或马氏体，进一步影响钢的各种性能。

由以上可见，从钢锭到钢材的整个压力加工过程是一个组织、性能不断变化的过程。如果再加上钢锭在铸造过程中的组织性能变化，可将钢锭生产工艺过程看作是一个系统工程。要想得到人们所预想的结果，必须对钢的冶炼、铸造、加热、轧制（锻造）及其后期的冷却、热处理进行工艺过程的系列优化，这也是本书内容的主要思路。

6 锭 型 设 计

所谓锭型设计是指对钢锭的纵向、横向断面形状和具体尺寸的设计，它是钢锭模设计的基础。锭型设计的优劣关系着钢锭内部质量的好坏、成材率和生产率的高低。

6.1 锭型设计的一般原则

（1）锭型设计应与所生产的产品断面相匹配。例如，生产方坯往往采用方形或矩形断面钢锭；生产圆坯或无缝管坯、轴类、盘类产品，往往采用圆断面钢锭或多角形钢锭；生产板坯往往采用扁钢锭等。

（2）锭型的设计首先必须考虑钢锭的内部质量，而不能片面追求生产率和成材率。因为对上述二者的追求往往是相互矛盾的。例如，对镇静钢锭而言，为了提高成材率，希望帽容比要小一些，本体细长比要大一些，本体锥度要小一些。但从提高内部质量考虑希望帽容比大一些，本体细长比小一些，本体锥度大一些。所以锭型设计要综合考虑上述各因素，根据钢种、质量、设备条件，分清主次，适当调整。

（3）锭型设计的第一步是确定锭重。锭重的选择要综合考虑冶炼、炉外精炼、铸造、加热、轧制或锻造设备容量、能力和尺寸要求。最大限度地提高钢液浇成率并满足成品重量、尺寸的要求。

（4）由于现场钢的品种、规格要求很多，不可能一种产品设计一种锭型，因此常将产品分成数组，每组共用一个锭型。因此，设计的原则是要满足同一组中要求最严格的钢种需求。例如，作者在设计合金钢矩形锭时，选择 GCr15 滚珠轴承钢为代表；设计锻造锭时，选 H13 模具钢为代表等等。当用同一种钢锭模浇注不同钢种时，采用不同的铸温、铸速、保温帽口浇高等条件来加以调整和适应。

（5）为了保证钢的质量，尽可能提高成材率，要求锭型设计与钢锭压力加工时的变形规律相适应。如当锻造时，采用镦粗和拔长相结合的方法；轧制扁锭时、采用纵轧、横轧相结合的方法。此时，锭型的设计就不能一样。

（6）锭型设计时，钢锭的长、宽、高应满足现场设备的要求。如锻压机、轧钢机的开口度，加热炉炉膛尺寸，铸台、铸车尺寸，夹料机、钳式吊车等的开度等限制环节的要求。

（7）由于钢锭在凝固过程中有体积收缩，钢锭模在受热过程中有体积膨胀，因此钢锭的比重也是变化的，精确设计、计算钢锭实际尺寸和锭重比较困难。因此，作者采用钢的液态比重和钢锭模受热前的体积来设计锭型。因为不论什么钢种，液态时其比重变化差异均远小于其固态时的变化。考虑到钢锭在浇注过程中的凝固率（小钢锭为 8% ~ 12%、大钢锭为 6% ~ 8%），因此一般取不同成分的液态钢液的当量密度 $\rho = 6.9 ~ 7.2\mathrm{t/m^3}$，来设计钢锭尺寸和体积。

（8）对于形状比较复杂的钢锭，采用头、本体、尾部分步设计的方法。将整体体积分解为棱柱、锥台、半球等单体，然后求出各单体的体积之和，用以验算整体锭重。也可以用专门的制图软件，自动计算整体锭重和体积（如 Solid-Works、Pro/Engineer 等软件）。

6.2 锭重的确定

6.2.1 有定尺要求的锭重

钢锭重量的确定首先应满足用户对成品的要求，从成品往前推出锭重。对于用户有固定定尺要求时（如重轨定尺要求 25m、50m、100m）可用式（6-1）计算锭重：

$$G_d = g_c L n_1 / (1 - a - b - c - d - e) \qquad (6-1)$$

式中　g_c——成品的每米单重，kg/m（如重轨每米标准单重 50kg/m、60kg/m、65kg/m）；

　　L——轧材长度，m；

　　n_1——一个钢锭轧出的成品根数；

　　a——加热时的氧化铁皮生成率；

　　b——钢锭轧成成品的切头率；

　　c——钢锭轧成成品的切尾率；

　　d——钢锭轧成成品的切边率（对钢板而言）；

　　e——取样检验损失率（不专门取样时此项为零）。

6.2.2 无定尺要求的锭重

当成品没有固定定尺要求时，锭重可按下式计算：

$$G_{d1} = (G_g - G_1 - G_f - G_c) / n_2 \qquad (6-2)$$

$$G_{d2} = hbl\rho_c n_3 / (1 - a - b - c - d) \qquad (6-3)$$

式中　G_g——钢水罐内钢液的实际重量，t；

　　G_1——钢水罐内的留钢量（为防止下渣一般取钢液量的 3%），t；

　　G_f——在正式浇注前，为"洗水口"放掉的钢液量，t，一般为 0.05 ~ 0.15t；

　　G_c——中心铸管、汤道砖内的残钢损失，t（当采用上铸时此项为零）；

　　n_2——一罐钢液铸出的钢锭只数（整数），当铸不出整数只锭时，可调整

出钢量 G_g；

h，b，l——成品钢坯的厚、宽、长，m；

ρ_c——成品钢坯的比重，t/m^3；

n_3——钢锭轧成成品坯的段数。

此时 G_{d1} 和 G_{d2} 必须相符，如不符时，可调整成品长度和轧成段数。

6.2.3 锭重与压力加工设备的关系

锭重和压力加工设备能力有一定的匹配关系。对轧制而言，钢锭可以用二辊可逆式初轧机或三辊开坯机，以及 4200～5500mm 宽厚板轧机进行轧制。二辊可逆式初轧机的轧辊名义直径可有 $\phi750mm$、$\phi800mm$、$\phi825mm$、$\phi850mm$、$\phi1000mm$、$\phi1150mm$、$\phi1350mm$、$\phi1500mm$ 等数种，锭重范围为 3.0～40t。三辊开坯机轧辊名义直径可有 $\phi550mm$、$\phi650mm$、$\phi700mm$ 等数种，适合的锭重范围为 350～700kg。4200～5500mm 宽厚板轧机用扁钢锭轧制宽厚板，锭重范围可为 20～80t。

对锻造而言，可有 5～20t 的蒸汽锤，2000～16500t 的水压机。前者采用数百公斤至 3t 左右的钢锭作为原料，后者采用 5～600t 重的钢锭作为原料。目前世界上最大的钢锭重量达 715t。

6.3 沸腾钢锭的锭型设计

6.3.1 锭型选择

沸腾钢锭分为敞口式沸腾钢锭和瓶口式沸腾钢锭两种。后者除浇注沸腾钢外，还可以浇注半镇静钢。敞口沸腾钢锭常采用上小下大的直筒型钢锭模，采用化学封顶方式。瓶口式沸腾钢锭常采用上小下大带凹形底盘的钢锭模，用机械压盖封顶（上述两种沸腾钢锭模见图 6－1）。还有一种是作者发明的用上大下小实底钢锭模加瓶口式铸铁顶盖机械压盖封顶的"ZF 法"钢锭。

沸腾钢锭之所以经常采用上小下大的钢锭模，主要是为了控制浇注过程中的沸腾强度，便于化学封顶，同时也便于脱模。当采用直筒式钢锭模浇注沸腾钢锭时，不但沸腾强度难以控制，化学封顶后钢液也可以自由上涨一段，结果造成钢锭头部存在气泡和"菜花头"，恶化了头部质量。另外，钢锭形状是平头、平尾，难以控制轧制时的头、尾的"鱼尾"和"轧凹"，使钢锭切头尾率增加。多数情况下，钢锭需脱模以后才能送初轧厂加热、轧制，因而钢锭装炉温度较低，加热能耗也较大，最终这种方法被瓶口式钢锭所取代。

瓶口式钢锭模浇注的沸腾钢，由于采用瓶口式设计，钢锭头部形成一个凸型外端，可以控制和抵消一部分由于不均匀变形造成的"鱼尾"和"轧凹"，提高成材率。

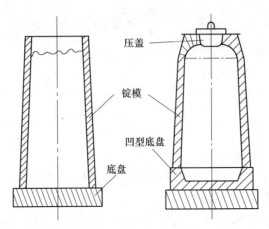

图 6-1　沸腾钢锭模

另外，瓶口式的设计采用机械压盖封顶工艺，可以很好地控制沸腾强度和钢锭上涨后的头部形状，提高沸腾钢锭内部质量。如果钢锭下部再采用凹形底盘，则可形成尾部"凸型外端"，控制由不均匀变形产生的"鱼尾"和"轧凹"，可以显著提高成材率。

6.3.2　沸腾钢方锭本体尺寸的确定

6.3.2.1　平均断面边长

沸腾钢方锭（矩形锭）的本体断面平均边长，要考虑加工到成品过程中的总压缩比，以便将蜂窝气泡、二次气泡充分压合。此时：

$$\frac{F_0}{F_{坯}} \geq 6 \tag{6-4}$$

式中　F_0——钢锭的本体平均断面面积，mm^2（即本体高度 1/2 处的断面面积）；

$F_{坯}$——成品坯的断面面积，mm^2。

如果采用方形断面钢锭，则平均断面边长 a_0（mm）：

$$a_0 = \sqrt{F_0} \tag{6-5}$$

如果采用矩形断面钢锭，则平均断面的长、短边分别为：

$$a_0 = \sqrt{F_0} + \frac{2}{3}\Delta h$$

$$b_0 = \sqrt{F_0} - \frac{2}{3}\Delta h \tag{6-6}$$

式中　Δh——道次最大压下量，mm。

6.3.2.2　扁锭的断面尺寸

沸腾钢扁锭的本体尺寸，首先要考虑从锭到坯的厚度压缩比，即：

$$\frac{h_0}{h} \geqslant 6 \qquad (6-7)$$

式中　h_0——扁钢锭的平均厚度，mm；

　　　　h——板坯厚度，mm。

扁钢锭的平均宽度：

$$B_0 = \frac{b}{1.2 \sim 1.4} \qquad (6-8)$$

式中　　　b——成品板坯宽度；

　$1.2 \sim 1.4$——为保证钢坯的横向性能所必需的展宽轧制系数。

6.3.2.3　钢锭的本体高度

钢锭的本体高度 H_0（mm）是根据钢锭本体重量和平均断面尺寸推算出来的，即

$$H_0 = \frac{G_0}{B_0 h_0 \rho} \qquad (6-9)$$

式中　G_0——钢锭本体重量，t，约占整个沸腾钢锭重的 93% ~ 94%；

　　　ρ——沸腾钢锭密度，取值为 6.9t/m^3。

6.3.2.4　钢锭本体锥度

沸腾钢由于铸中产生 CO 气泡，弥补了钢在凝固过程中的体积收缩，故没有"补缩"问题。因此，钢锭本体锥度可以设计得很小，甚至是负值，只要不影响钢锭脱模即可。钢锭本体锥度一般为 1% ~ 1.5%。

锥度的计算如图 6-2 所示，对方断面钢锭而言：

$$i = \frac{a_大 - a_小}{2H_0} \times 100\% \qquad (6-10)$$

式中　$a_大$，$a_小$——钢锭大、小头的边长，mm。

对矩形锭或扁钢锭而言，则宽面、窄面的锥度可以不一致，都是大头尺寸减小头尺寸的一半，除以本体高度。在钢锭本体尺寸的计算中，往往会因与设计的锭重相矛盾而要需经过多次修正直至二者相符为止。此时，主要是调整钢锭的本体高度，使其本体细长比 $\frac{H_0}{a_0}$ 在 3.0 ~ 5.5 之间均可（大锭取小值，小锭取大值）。

6.3.2.5　压盖沸腾钢锭的头部形状和尺寸

压盖沸腾钢锭头部的形状和尺寸，需要考虑以下三个因素：

（1）能够顺利封顶，控制沸腾强度；

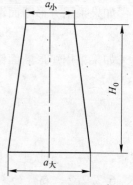

图 6-2　钢锭本体锥度

（2）能形成一定的凸型外端，控制轧制时的变形，减少切头率；

（3）便于脱模（主要是针对"ZF 法"浇注的沸腾钢锭而言）。

对压盖沸腾钢锭，钢锭头部的"开口度"是一个关键参数。所谓"开口度"是指钢锭模瓶口部的截面积与钢锭本体截面积之比，即：

$$\frac{F_瓶}{F_0} \times 100\% \tag{6-11}$$

开口度愈大，进入模内的外界空气愈多，模内沸腾强度愈高，钢锭坚壳带愈厚，但锭芯偏析也愈重。一般要控制开口度在 20% ~ 35% 之间。

压盖沸腾钢锭在本体和瓶口之间，往往设有过渡的"肩部"。该部实际是一个凸型锥台，可以起到抑制沸腾钢液上涨和控制轧制变形时头部产生"鱼尾"和"轧凹"的作用。一般肩部高度可为 250 ~ 400mm，其具体尺寸可根据钢锭变形规律而定。

6.3.2.6 钢锭的尾部尺寸

沸腾钢锭的尾部，当采用直筒式钢锭模时一般是平的，仅用大底盘浇注。但其加工变形后切尾率较大。为此，作者采用了单层凹型底盘，使钢锭尾端铸出一个"凸型外端"，以控制尾部不均匀变形。凸尾的高度一般为 150 ~ 250mm，具体尺寸根据钢锭的轧制方式而定。对方形断面钢锭可采用方锥台形；对矩形断面和扁锭则采用扁锥台形；锥台与本体之间必须合理圆滑过渡，以防止形成"台阶"轧后成为"折叠"。

6.4 镇静钢锭的锭型设计

6.4.1 镇静钢的锭型

镇静钢锭型有上大下小的 B 型和上小下大的 C 型两种，其头部均设计为保证补缩用的保温帽结构。保温帽可设计为分体的，也可以和锭模铸在一起做成整体的。保温帽内均设计插挂式绝热板，在钢液面上添加保护渣，发热剂或绝热盖板、炭化稻壳保温剂。分体式保温帽有利于帽部形状的设计和帽部容积的减少，脱模时可先摘去保温帽，然后将锭从模内钳出。整体式保温帽是将绝热板插在锭模的上口内，脱模时用吊车将锭模吊走，钢锭留在底盘上。整体式保温帽结构不利于钢锭帽部的优化和帽部容积的缩小，但可调整模内绝热板插入深度，用同一种钢锭模铸出不同重量的钢锭，锭模的共用性较好。

钢锭的下部可以采用实底模铸成一定的凸型，也可以采用分体模加凹型底盘铸出凸底锭，还可以采用平底盘铸成平底锭。但作者不推荐采用平底锭，因为这不利于镇静钢下部的表面质量，也不利于提高钢锭的成材率。

镇静钢锭往往用以生产内部质量要求较高的钢种，所以常采用上大下小的 B 型锭。只有对内部疏松要求不太高的无缝管用圆钢锭或电渣重熔电极坯时，才采用上小下大的微锥度 C 型锭。

镇静钢锭的断面形状可有方、圆、矩、扁形和多边形之分，其中锻造用钢锭多用 8、12、16、20、24、48 边形（见图 6-3）。锭愈大，边数也愈多，目的是增加比表面积，进而增加冷却强度、减少偏析和防止表面裂纹的产生。但并不是边数越多越好，因为边数越多，钢锭断面越接近于圆，反而有悖于采用多边形设计的初衷。对多边形钢锭，一般采用其内切圆直径来表示钢锭断面的尺寸大小。对于圆形断面钢锭和扁钢锭，为了防止其产生表面裂纹，往往设计成波浪边型的波纹锭，即采用正弦波形，以增强表面坚壳带厚度和刚性，其波高与弦长之比大于 1:5，以防加工时产生折叠。图 6-4 是锻造中波纹圆锭。

图 6-3　待锻的多边形锭　　　　图 6-4　锻造中的波纹圆锭

镇静钢锭的锭型设计方法和沸腾钢锭大同小异，也是将其分为本体、头部和尾部三部分。首先分部考虑，然后再进行合成。其锭重确定方法与沸腾钢基本一致，只是钢液密度不同而已，在此不加赘述。

6.4.2　镇静钢锭本体断面尺寸

镇静钢锭本体高度受到浇注过程中钢锭模内钢液静压力的影响，一般都小于 3000mm，只有在特大锭重、慢速浇注的条件下，才能超过此极限。否则，钢锭下部容易产生纵裂。钢锭本体平均断面尺寸受钢锭成坯时压缩比要求的影响，一般为保证超声波探伤检测合格，需要压缩比超过 5.0（连铸坯由于先天质量较好，超声波探伤要求压缩比为 3.5~4.0）。

6.4.2.1　钢锭本体细长比

对于镇静钢锭来说，本体设计要考虑几个比值，即：

对方锭、圆锭、多角形锭的本体细长比 H_0/a_0，H_0 是本体高度，a_0 是本体平均断面边长。和对矩形锭和扁锭的本体高厚比 H_0/h_0，h_0 是本体平均厚度（对多角形锭是指 H_0/D_0，D_0 是多边形内切圆的平均直径）。在锭重一定的条件下，H_0/a_0 或 H_0/h_0 越大，钢锭本体的比表面积（模数）越大，冷却强度亦增大，有利于增厚细晶坚壳带和细化枝晶，也有利于减少偏析和缩短凝固时间；对压力加工而言，可以减少轧制道次和加热时间，变形也比较容易深透，故轧制用钢锭的细长比或高厚比皆较大。锻造用钢锭由于可以用减少细长比或高厚比来增加锻造拔长时的压缩比，并适应锻压机开口度不能过大的要求，因此，钢锭被设计得相对"矮粗胖"。另外，钢锭本体太"瘦长"也会影响到保温帽对钢锭本体的补缩和钢液内气体、夹杂上浮，所以选择合理的 H_0/a_0 和 H_0/h_0 就有一个"度"的问题。一般来说，轧制用钢锭的 H_0/a_0 在 2.5 ~ 3.5 之间，扁锭的 H_0/h_0 在 3.0 ~ 4.0 之间，锻造锭的 H_0/D_0 在 1.2 ~ 3.0 之间。大锭取小值，小锭取大值。

6.4.2.2 钢锭本体的锥度

镇静钢锭本体锥度（i）关系到钢锭凝固过程中结晶前沿是否始终朝向保温帽部开放，且保证补缩通道畅通。锥度过小，钢锭本体局部结晶容易产生"搭桥"，影响补缩效果而产生内部缩孔和疏松。锥度过大，会延长钢液凝固时间和增加偏析，还会加大压力加工时的工作量和增加变形的不均匀程度。因此，锥度的选择也应适度。对上小下大的镇静钢锭，本体锥度应尽可能小，只要能保证脱模需要即可，一般为 1.0% ~ 1.5%。对上大下小锭型合金钢锭，本体锥度一般为 2% ~ 7%（个别可达 16%）。优质碳素钢一般为 2.0% ~ 3.5%，合金钢一般为 3.5% ~ 5.0%。钢种的两相区愈宽、钢液黏度愈大或锭重愈大、凝固时间愈长者应取大值，较小钢锭，可以取小值。钢锭本体锥度还与钢锭细长比、帽容比相关。细长比愈大或帽容比愈小，则本体锥度就得取得大一些。对于扁钢锭或矩形断面钢锭，由于宽面是主要凝固面，故宽面锥度需大一些。窄面为次要凝固面，故锥度可小一些。大宽厚比的扁锭，为保钢锭平面矩形化，减少切边损失，窄面锥度甚至可设计在 1.0% 以下，只要不影响脱模操作即可。

6.4.2.3 矩形断面和扁钢锭的平均宽厚比

当锭重一定时，钢锭的本体宽厚比愈大，钢锭的比表面积亦愈大，凝固时间亦缩短，对细化铸造组织和减少偏析有利。压力加工时，加热时间缩短，轧制道次也减少，不均匀变形程度减轻，这些都是有利的因素。但平均宽厚比愈大，钢锭和钢锭模的温度场就愈不均匀，钢锭内部的组织应力和温度应力也愈不均匀，所以宽厚比也应当适度。对矩形断面钢锭，本体宽厚比一般为 1.1 ~ 1.3，对扁锭来说，宽厚比为 1.5 ~ 5.0。作者曾为莱芜钢厂设计过 18t 重的扁钢锭，由于受 4300mm 宽厚板轧机开口度所限（开口度 500mm），该锭的宽厚比达到了 5.0。不过如此大宽厚比的扁钢锭必须采用宽面预起拱的方法（即宽面中间加厚），否则易在宽向靠近保温帽口处出现两个最后凝固区，并且容易因横向凝固收缩受阻而出现钢锭宽面纵裂。该设计由于采用了宽面预起拱措施，没有出现过上述问题。

所谓"顶起拱"是将扁钢锭的宽面做成向外突起的弓形或梯形，拱高 15 ~ 40mm。梯形的拱顶宽占底宽的 1/2 ~ 2/3，其目的是控制锭模受热膨胀的变形方向，同时增加钢锭本体疏松区的压缩比。

扁钢锭的宽度要考虑到轧成成品钢板时有一定的展宽（横轧）量，以保证钢板纵向、宽向性能均匀。一般板宽与锭宽之比需大于1.3。

6.4.3 帽容比和帽部形状设计

"帽容比" η 是指镇静钢锭头部保温帽部容积占整个钢锭容积的百分比。合理的帽容比设计对保证镇静钢锭内部质量起到重要作用。帽容比大，钢锭的补缩作用好，钢内气体、夹杂上浮的机会多，产生内部缩孔和疏松的可能性小。但如果帽容比太大，不但延长了钢锭的全凝时间，加大帽口附近的偏析，而且会增加钢锭的切头率。因此，选择帽容比的原则是：在保证补缩需要的前提下，尽可能地减小。如前所述，钢锭在凝固过程中的体积收缩取决于钢种、浇注时钢液的过热度以及钢锭锭型和浇注速度。钢锭本体浇注速度越慢，浇注完毕时本体已凝固部分的比率越高，需要帽部补缩的金属就越少，帽容比即可相应减小。但是，由于保温帽部的高度和容积还要考虑到脱模的需要（夹钳能夹住实心的部分），以及考虑到保温帽内最大偏析点要处于帽口线以上，帽部容积并不能完全用以补缩。因此，引入"帽部补缩有效利用率"的概念。根据作者的经验，这个"补缩有效利用率"在30%～40%之间。帽部保温条件越好，该比例就越高。如果采用电磁补缩技术，这个有效利用率甚至可达60%以上。根据钢锭完全凝固后一次缩孔的形状可以判断保温帽部保温效果的优劣，如果钢液面能平行下降一段距离，而帽部周边凝壳较薄，帽部缩孔呈"浅碟形"，则说明保温效果好。如果四周凝壳厚，缩孔呈锥杯形，则说明保温效果不好，补缩利用率低。但如果实心高度很高，帽部金属没有补缩下去，尽管缩孔也呈浅碟形，但那仅是一种假象，在实际钢锭芯部依然会产生缩孔和比较严重的疏松。所以不能只凭"实心高度"的高、低来判断补缩的优劣，还要看补缩的量是否满足。一般来说，镇静钢锭的帽容比可在9%～20%之间，小锭取小值，大锭取大值，帽部保温效果优者可取小值，钢液凝固时体积收缩大的钢种取大值。

保温帽部容积确定之后即可设计帽部尺寸。从减少帽部散热、提高有效补缩利用率角度考虑，保温帽壳应当是散热面积最小的。方锭，矩形锭可用圆形或正方形断面帽口，锻造锭用圆形断面，扁锭用矩形断面帽口。

保温帽内浇高为：

$$h_j = h_c + h_s \tag{6-12}$$

式中 h_c——帽内钢液收缩高度，mm；

h_s——帽内实心高度，mm。

一般帽内浇高为250～650mm，小锭取小值，大锭取大值。对于一些大单重的锻造锭，有时帽部浇高可超过700mm。保温帽部的断面尺寸，其下部要略小于钢锭本体上口尺寸（每边留 10~20mm）以防止由保温帽座偏引起"悬挂拉裂"。其上部尺寸，视帽部是锥台形还是直筒形而定。做成锥台形，往往是为了在帽部容积一定的条件下增加实际浇高，但此时的锥度不能过大，以防止脱模时夹锭滑脱，因此锥度一般小于 20%。帽部做成直筒形则有利于减少保温帽顶部向大气散热，液面覆盖剂不易因液面下降而产生"四周见亮"。对绝热板的制作和安装也比较方便。

6.4.4 钢锭尾部的设计

镇静钢锭尾部形状和尺寸的设计要考虑开浇时钢液均匀铺展，以防止卷渣和飞溅，和控制钢锭压力加工时尾部不均匀变形的需要，一般均设计成凸台形。尾部的容积比一般为锭重的 3%~5%，小锭取小值，大锭取大值。

对于采用实底模的钢锭，由于钢锭本体能与底部圆滑过渡，所以关键是确定底部的圆弧半径。对方锭、圆锭底部四面的圆弧半径应相等；对矩形锭和扁锭，宽面和窄面底部圆弧半径可以不相等，而且宽面底部圆弧半径要大于窄面底部圆弧半径，以便于与其压下规程、变形规律相匹配。圆弧半径大小选择，要保证不影响模底反射水口砖的尺寸。

对于采用凹型底盘的分体模，钢锭尾部形状要尽量与本体下口断面保持一致。以防止产生"台阶"，压力加工时产生"折叠"。特别是采用多角形的锻造锭时，本体的各个棱角向外凸出，如果钢锭底部采用圆锥台形，在锻造时就会在各个角部与底部交接处产生"折叠"，使切尾率大大增加（见图 6-5）。因此，该处也应立体圆滑过渡。

图 6-5 锻造锭尾部折叠

镇静钢锭的尾部高度，根据锭重大小不同一般设计为 180~350mm，小锭取小值，大锭取大值。

应当指出的是：镇静钢锭的保温帽部容积和尾部容积并不是压力加工后的切

头、切尾率。因为钢锭保温帽部分还存在钢液体积收缩形成的缩孔，而尾部形状能抵消一部分不均匀变形生成的"鱼尾"和"轧凹"，因此实际切头、切尾率一般都小于帽部容积和尾部容积。

6.4.5 钢锭断面转角圆弧半径的确定

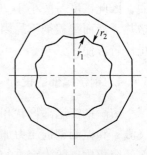

钢锭本体的转角半径 r 的设计关系到钢锭本体转角处温降的快慢、凝壳厚度以及钢锭模转角处的应力集中系数。r 愈大，转角处愈容易产生钢锭纵向裂纹；r 愈小，转角处的钢锭模愈容易开裂，所以要选择适中。一般方锭和矩形断面钢锭取 r 为其平均断面边长的 1/10 左右。对于锻造用多边形钢锭如图 6-6 所示，要处理好 r_1 和 r_2 的关系（二者相外切）。

图 6-6 多边形锻造锭的转角半径

多边形钢锭的边，可以是直边，也可以是凹边，但以凹边为佳。因为采用凹边比采用直边更能增加钢锭的比表面积和钢锭模对钢锭的冷却强度，从而可以减少角部纵裂。此时，关键是要控制好凹边的弦高 y，一般取 y 值为 20～40mm，角顶圆弧半径 r_1 一般取 30～60mm（大锭取大值），r_2 的数值可由作图法确定，使 r_1 和 r_2 相外切。

6.4.6 扁钢锭的肩部设计

有时为了减少扁钢锭的帽容比、提高成坯率，可采用缩小帽口宽度的设计方法，这样钢锭在本体和保温帽之间便会出现一个"肩部"（见图 6-7）。在此肩部处，由于最早形成气隙，并有少量保护渣积存，所以是一个"半保温区"。肩部的形状是一个带斜度的弓形，弓高 50～80mm，以利于保护渣的"顺出"，防止"憋气"。并能控制肩的端部产生"鱼尾"和"轧凹"。采用此种设计时扁钢锭的切头率可减少 1.0% 左右。

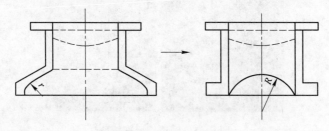

图 6-7 扁钢锭肩部

6.4.7 锭型设计的计算机数值模拟优化

一般锭型设计都不是一次完成的，因为它要考虑各种因素的影响，需要考虑到工艺、设备条件的限制，必须经过多次调整和优化才能完成。采用计算机数值模拟方法加以优化，可以节约许多时间和精力，但并不是单纯依靠数值模拟就能设计锭型。因为此时许多边界条件尚未最后确定，计算机数值模拟优化只能在锭型设计、钢锭模设计、绝热板、发热剂、铸温、铸速以及钢种化学成分确定后，才能进行计算。利用计算机数值模拟往往是对不同方案进行对比，从中择优而已。

7 钢锭模的设计与制造

7.1 模耗

钢锭模的设计是在锭型设计的基础上进行的。钢锭模的内腔形状和尺寸与锭型设计相匹配。钢锭模的壁厚及外形则要考虑钢锭模的刚性、强度、使用寿命以及对钢锭冷却凝固的影响。因为钢锭模的制造成本约占钢锭制造成本的 15% ~ 18%，所以提高钢锭模使用寿命关系到钢锭的成本和经济效益。

钢锭模的模耗以每铸一吨钢消耗多少公斤钢锭模来表示，即：

$$\eta_{模} = \frac{G_{模}}{G_{锭}n} \tag{7-1}$$

式中　$G_{模}$——钢锭模重量，kg；

　　　$G_{锭}$——钢锭重量，kg；

　　　n——从新钢锭模到报废前的使用次数。

一般钢锭模的使用次数依其材质而不同，灰口铸铁的锭模可使用 50~70 次，球墨铸铁的锭模可使用 100 次以上。钢锭模的寿命还与其结构和所承受的应力有关。

7.2 钢锭模的应力分析

钢锭模除在整、脱模过程中承受机械应力外，在铸锭过程中主要承受热应力。特别是开浇时，由于钢液和锭模之间温差很大，故有"热冲击"的影响。在锭模升温和降温过程中，由于锭模各部厚度不同，散热条件不同，且其均随时间而变化，故热应力是不均匀的。由于铸铁基本属于脆性材料，所以在具有拉应力的部位易产生纹裂。

随着铸锭次数的增加，铸铁在高温下会产生氧化和"石墨生长"。反复的加热和冷却会产生"热疲劳"，使钢锭模内腔产生网状龟裂，进一步产生局部掉肉。当锭模的裂纹长度超过 300mm，或局部掉肉面积超过 100mm × 100mm，或钢锭模吊耳折断时，钢锭模即可报废。

作者在研究中发现，钢锭模的热应力在力学中属于"静不定"问题，即钢锭模各部应力关系不能用简单的力学方程求解，钢锭各部的应力互相牵扯，并可以在一定条件下转移，最终在薄弱环节处产生开裂，使应力释放。因此，钢锭模的设计应当遵循"强度均衡"原则，即钢锭模壁厚的分配应使其热应力比较均衡地分布。由此可知：等壁厚的设计是不合理的。

钢锭模的开口部位（如模的上口或下口）具有"开口效应"，因此在该部位应设置具有一定高度和厚度的加强围带。在转角处和锭模形状变化处会产生"应力集中"，故钢锭模的外形应尽可能设计成圆形、椭圆形和弧形，钢锭模的厚度也不能相差悬殊（见图7-1）。在钢锭模的高度方向上，外壁中部设计成向外凸出，使其中部壁厚增厚呈"龟背形"，以控制模壁的高向变形，防止其高温部分内壁龟裂和模内壁产生横向裂纹。

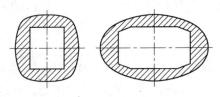

图7-1 钢锭模外形

7.3 钢锭模壁厚的确定

钢锭在凝固过程中主要靠钢锭模蓄热来使钢锭凝固。只有到模温升至400℃以上时，才会大量通过辐射、对流对外散热。因此，钢锭模需要一定的壁厚和重量来保证一定的蓄热能力。人们习惯把模重与锭重之比称为"模锭比"。一般对不带底的沸腾钢锭直筒模，模锭比在0.9~1.1之间；对带底的镇静钢锭模和瓶口式沸腾钢锭模，模锭比为1.2~1.3；个别大型锻造锭的模锭比和电渣重熔电极坯模锭比可达1.4~1.5。图7-2为某厂300t巨型钢锭模。

图7-2 300t巨型钢锭模

钢锭模壁厚度过薄，不但冷却强度不足，本身刚性不足，易产生热变形。模壁过厚，钢锭模内外壁温差过大，易产生龟裂和掉肉。因此，模厚度与钢锭断面尺寸之间应当有一个合理的比值。根据作者的经验，模壁厚与钢锭平均断面厚度之比为 0.2 ~ 0.3 较为合适。方锭、圆锭、多边形锭各面的模壁厚度分布是一致的，而矩形锭和扁锭则是宽面壁厚大于窄面壁厚，以增加宽面模壁的抗弯截面模数，防止宽面模壁变形。不论哪种锭型，其断面转角处的壁厚都可小于面部壁厚。根据作者的经验，对于扁锭而言，宽面、窄面、转角壁厚之比为 1.10:1.00:0.95 左右为佳；对于方锭而言，模壁厚比为 1:0.9；对多边形钢锭而言，当其外形为圆断面时，最厚处模壁与角部最薄模壁厚度之比在 1.15 ~ 1.30。

钢锭模壁的纵向厚度也不应是均匀一致的。总体来说，为了使钢锭能自下而上地顺序凝固，锭模下部的厚度应大于上部壁厚，其比例为 1.1:1 左右。有时为了降低锭模温度最高处（在锭身高度的 1/2 ~ 2/3 处）的模温，加大该部的冷却强度，在该处加厚模壁厚度 15 ~ 30mm，并用圆弧与钢锭模壁上下相接，使钢锭模外壁纵向呈"龟背形"，也起到了较好的作用。

从保证锭模强度、刚性角度来看，钢锭模底的厚度并不需要设计得很厚，因为它属于"封闭壳体"；有时设计厚一点也并无坏处，可以加强钢锭下部的冷却强度，保证钢锭顺序凝固。由于实底模配合下铸时，模底要设计一个安装反射水口砖的模底眼，反射水口砖的高度应与模底厚度一致，因此模底厚往往取决于反射水口砖的高度。按锭重大小不同，模底厚度可由 100 ~ 300mm，模底眼的形状为圆锥台形，与反射水口砖的外形相匹配，但直径比反射水口砖大 10 ~ 20mm，以便在其缝隙中填充石棉绳，为反射水口砖保温，防止水口处过早冻结。对于特大型钢锭或扁锭，可以设计成双反射水口，即用两个水口眼缓解钢流的冲击和卷渣作用，有利于钢锭内的气体、夹杂上浮，但此时整模和脱模难度要大一些（一是两个水口眼必须同时对中，二是必须同时拉断两个尾芯残钢）。对于特大型锻造用钢锭模，有时为了提高锭模使用寿命，采用较薄壁钢锭模，且在锭模高度中央设加固围带和纵向加强筋。但此时必须注意：纵横加强筋设计要求相互错开，不能十字交叉，且要有一定圆弧过渡，否则锭模容易产生变形和开裂。

7.4 钢锭模的坡口、定位台、拉断台和预起拱

7.4.1 坡口

由于钢锭模基本属于脆性材料，如果锭模的上下口边部呈尖角，则很容易在整、脱模时被撞损，也很容易因应力集中产成裂纹源。因此，在锭模设计时，均需在其上下口的边沿处设计 45°的坡角。此事虽小，但作用较大。

7.4.2 定位台

为了便于保温帽定位，防止保温帽座偏或转动，在镇静钢锭模上口需设计定位台。当采用钢锭下部加小底盘的设计时，小底盘上也需设计定位台以防止锭模座偏。定位台内部的长、宽应大于帽壳下口外形的长和宽 10 ~ 20mm，定位台的

高度为 15~30mm，并带有一定坡角。为了使模、帽、底盘相互吻合，钢锭模上下口和保温帽下口、底盘上口均应要求机械加工。定位台的形式应保证保温帽或钢锭模前后、左右均不能自由移动和转动。有时也可以用定位销代替定位台，销轴直径 20~30mm 即可。

7.4.3 拉断台

对于 3t 以下的镇静钢锭，为了钢锭在凝固过程中能通过体积收缩将凝固的汤道尾芯残钢自动拉断以利于脱模，常在模口内侧设计"拉断台"。即在模的上口内侧各边设计一个三角形斜坡，利用钢液在此凝固形成凸台，将尾芯在未凝时拉断。但此拉断台不能过大，否则在轧制中会形成"折叠"，将影响切头率。一般拉断台的坡口边长为 10~15mm。在钢锭模转角部位不设计拉断台，以免因钢锭加工时由于不均匀变形造成切头率增加（见图 7-3）。

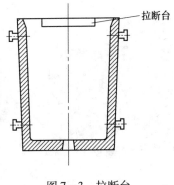

图 7-3 拉断台

7.4.4 钢锭模预起拱

所谓"预起拱"，是指在钢锭设计时将钢锭宽面设计成向外突出的形式。它不但会影响到钢锭的轧制变形，而且控制着钢锭模受热变形的方向。由于钢锭模在浇注时是逐层向外传热，较热的内层热膨胀量大，较冷的外层热膨胀量小，如果模壁是直的，则膨胀量大的内层势必要力图向阻力最小的模内方向弯曲，从而使钢锭模和锭身间的"气隙"延迟产生。模壁向内弯曲，内表面就会产生拉应力，且内表面温度高，强度低，内模面易产生裂纹。所以，为了平衡上述矛盾，事先使模内壁向外弓出，即可减少上述拉应力。同时，如前所述，预起拱可使钢锭宽面气隙较早形成，宽面传热的减缓对防止扁钢锭凝固过程中宽面中心形成两个最后凝区现象是有利的。因此，作者在设计矩形断面和扁钢锭时均采用了宽面预起拱设计。预起拱的高度一般为 15~40mm，大锭取大值，宽厚比愈大的钢锭，预起拱值也愈大。拱顶的形状可以是梯形也可以是弓形，一般为保证轧制的稳定性，以梯形为佳。上述拱形对钢锭上口和下口并不是一致的，为了不妨碍钢锭的体积收缩，上口的拱高和拱顶宽应略大于下口。

7.5 钢锭模耳轴

钢锭模的耳轴为整模、脱模时吊运钢锭模所用，其最大承重量应大于模重和锭重之和。模耳的位置距模顶和模底 250~400mm。上耳轴尽可能在绝热板的覆盖范围以内，以防止耳轴吸热影响凝固进程。对于矩形锭和扁钢锭模，耳轴应设在窄面上，以防止耳轴处吸热多造成该部钢锭凝固速度快而产生"搭桥"，同时，也便于扁钢锭模在整脱模时平放操作。方形锭、圆形锭和多边形锭则不受此限制。

钢锭模耳轴的断面可以设计成圆形、矩形，也可以用圆钢弯铸而成，后者多用于小钢锭模。前者用于采用钢丝绳、铁链整脱模操作，矩形耳轴用于采用夹钳式脱模机操作，此时模耳的尺寸要受钳式吊车夹钳尺寸的限制。钢锭模耳轴的形状如图7-4所示。

图7-4 钢锭模耳轴的形状

对较小的钢锭而言，模耳可采用圆钢车制后埋铸而成，也可以整体铸造。对矩形模耳和大型钢锭的圆耳轴，一般采用整体铸造。耳部的边沿应设计防止滑脱的挡环或凸块。

耳轴的承载截面积可由式（7-2）按剪切强度来计算：

$$F = \frac{G}{\tau \eta} \qquad (7-2)$$

式中 F——耳轴承载截面积，mm^2；

G——模重与锭重之和的 $\frac{1}{2}$（因有两个耳轴承重），kg；

τ——耳轴材质（钢、铸铁）的许用剪切应力，kg/mm^2；

η——安全系数，一般取 $\eta = 10$。

耳轴的长度不宜太长，以能容纳铁链或夹钳厚度为准。

7.6 钢锭模的材质

钢锭模的材质主要有灰口铸铁、球墨铸铁和蠕墨铸铁三种。灰口铸铁的基体是铁素体和珠光体，多余的碳以片层状石墨的形态存在。这种铸铁导热性较好，但强度和韧性较差，成本较低。球墨铸铁是在铸铁中加入孕育剂——镁，使铸铁中的石墨呈球状，其特点是导热性较差，但强度、韧性较好，不容易开裂而使用寿命长；其缺点是锭模受热后容易产生变形，且制造成本较高。蠕墨铸铁中的石墨未完全球化，呈蠕虫状，其性能和使用寿命介于灰口铸铁和球墨铸铁之间。表7-1给出了二者的性能对比。

表 7 – 1 灰口铸铁和球墨铸铁的性能对比

温　度		室温	400℃	600℃	800℃
抗拉强度 /MPa	灰口铸铁	1.05	0.92	0.66	0.20
	球墨铸铁	412	386	196	98

目前，钢锭模的材质以灰口铸铁为主，通过控制碳、锰、硅的含量来调整其性能。一种采用高硅低锰，另一种则采用高锰低硅，含碳量也有区别。表 7 – 2 给出三种锭模的化学成分。应当指出的是，在锭模材质中控制硫、磷含量至关重要，因为硫能引起"热脆"，磷能引起"冷脆"。在钢锭模的铸造过程中，有的用化铁炉熔化铁锭后浇注，有的直接采用高炉铁水浇注，前者硫、磷含量较多，且不容易控制；后者硫、磷含量较少，且成分容易控制。作者曾对比研究两种方法浇注同一种钢锭模的寿命，后者的使用寿命为前者的 1.2 ~ 1.3 倍。

表 7 – 2 不同锭模的化学成分　　　　　　　　　　（%）

铸 铁	C	Si	Mn	P	S	Mg
A	4.1 ~ 4.5	0.6 ~ 0.9	0.6 ~ 0.8	≤0.15	≤0.10	—
B	3.4 ~ 4.0	1.8 ~ 2.0	0.2 ~ 0.8	≤0.10	≤0.15	0.03 ~ 0.08
C	3.7 ~ 4.1	1.6 ~ 2.0	0.7 ~ 1.0	≤0.15	≤0.10	—

7.7 钢锭模的制造和维护

在制造钢锭模前，需要根据设计图纸并考虑浇注铁水后的体积收缩量制作适合的型芯、型腔，水口和帽口，然后浇注铁水使其凝固成钢锭模。型盒和型芯所用型砂可以采用优质铸造砂，也可以采用环氧树脂砂，上述砂型在经过处理后可重复使用。后者由于强度和透气性均较好，故可以保证铸造钢锭的质量和尺寸精度，但铸造成本较高。在钢锭模铸造时，一般将砂箱水口设计在锭模上口处，将帽口设于锭模下口模底处，上下均留出机械加工余量。在钢锭模厚度相差较大部位，事先预埋"冷铁"，防止铸件内部产生内缩孔。铸造前，型盒和型芯需要经过充分干燥。铸造中，铁水温度控制在1250 ~ 1280℃，并需通过帽口充分补缩。钢锭模全凝后不能立即开箱清砂，以免因热应力过大而产生开裂。开箱清砂后，还需对锭模进行"时效处理"，以消除铸造应力。一般自然时效期为三个月以上（露天存放），人工时效则采用低温退火，退火曲线如图 7 – 5 所示。时效后再对锭

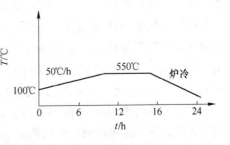

图 7 – 5 钢锭模人工时效曲线

模上、下平面进行机械加工。

对钢锭模的质量要求，除保证设计尺寸公差外，不得有裂纹、夹砂、"石墨漂浮"、气孔、壁厚凸凹不平等缺陷。模壁外部要铸上厂标、生产日期和模号，以便于生产组织管理。

对连续生产的工厂而言，一套锭模起码准备四只，一只在浇钢，一只在脱模或整模，两只在冷却过程中。

钢锭模在使用前，必须将模内残渣清理干净，并经过预热使模温达到 60～120℃，避免因热应力过大而产生开裂。模温太高则对钢锭模寿命不利，容易焊模，也不利于钢锭结晶，使晶粒粗大，偏析增加。模温太低，浇钢时热应力过大，易使锭模开裂。脱模后应该让钢锭模放在空气中缓慢冷却。禁止向模上打水冷却。脱模时防止机械碰撞等野蛮操作。有时为了减缓钢锭模热应力，在整模过程中，还可向钢锭模内涂以钢锭模涂料，涂完后应当将涂料烘干。浇注时应避免铸高温钢，以防引起"粘模"和降低钢锭使用寿命。对水冷钢锭模，则无开浇前模温的限制。但锭模材质最好采用锅炉钢板焊接，内部设计成水缝结构或采用通水的铜结晶器，其中水温在30℃以下，水压为1.2MPa，水速大于7m/s。

当钢锭模产生裂纹或内壁掉肉时，在缺陷允许范围内可以采用"打补丁"和焊补方法，延长钢锭模使用寿命6～10次，但焊补后必须采用砂轮磨平。

7.8 整体模和分体模

钢锭模的构成可以是整体的也可以是分体的，整体模包括将钢锭模和保温帽做成一体的，或钢锭模本体和钢锭底部做成一体的。分体式钢锭模则将钢锭、保温帽、尾部凹形底盘分开设计，然后装配在一起。有的钢锭模还可以设计成通过在本体上部加套圈（或在本体下部加垫圈）或模内腔下部加活动底托的方法来调整锭重。用这种方法调整锭重的范围一般为0.5～5t（大锭取大值，小锭取小值），见图7-6。采用这种方法时，由于帽容比、本体细长比、锥度等参数均有变化，所以不能是任意的，而且要注意套（垫）圈与锭模本体的对中度、帽部容积与本体细长比的可调范围。采用上述方法除可用一种钢锭模铸出不同锭重外，还可以减少模耗。图7-7为600t巨型锭的分体模。

在设计模帽一体结构时，可采用在模的上口部插入绝热板以形成钢锭的头部保温区，并依靠绝热板的插入深度来调整锭重。这种方法比较简单，但由于受到钢锭锥度的限制，帽部容积难以缩小。且在绝热板的调整范围内，锭模是没有锥度的，以免调整绝热板时造成绝热板松动和产生锭隙，进而造成"漂板"或"钻钢"，破坏钢锭头部的保温条件。这种锭模脱模时需把锭模倒置过来，只有在用钳式吊车脱模时才将模口做成豁口，将锭从豁内吊出钢锭模，豁口在浇钢时靠薄钢板和绝热板将其封堵（见图7-8）。此时豁口尺寸与夹钳钳股尺寸需对应。

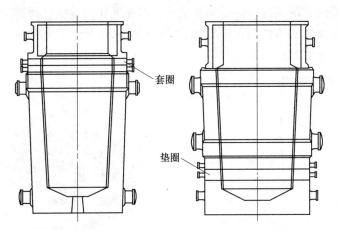

图7-6 各种分体式钢锭模图

图7-7 600t巨型钢锭及其分体模

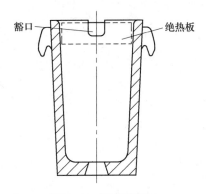

图7-8 整体模豁口

采用活动底托（浮游底盘）调整锭重（见图7-9），一般适用于上铸情况。如用于下铸，模底反射水口砖和汤道砖的衔接问题在设计时较为繁琐。在采用活动底托时，模内腔范围内最好是无锥度的，以免底托与锭模之间缝隙过大产生漏钢或飞翅。根据作者的经验：当缝隙在 2mm 以内时不会产生漏钢。图 7 - 10 为用于上铸大型钢锭的底托式钢锭模。

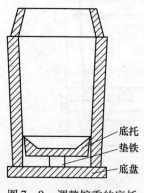

底托
垫铁
底盘

图 7 - 9 调整锭重的底托

图 7 - 10 用于上铸的底托式钢锭模

8 模铸辅件设计

模铸辅件包括中心铸管、大底盘、凹形小底盘、保温帽壳、沸腾钢压盖等铸铁件。

8.1 中心铸管设计

中心铸管是为下铸法所设计的，通过它可以同时浇注数只钢锭。中心铸管由底座、管身、上部喇叭口以及吊耳构成（见图 8-1）。

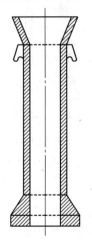

图 8-1 中心铸管图

由于中心铸管高度较大，为保证其稳定性，故其底座尺寸设计得较大，重心偏下。底座形状可为方形、圆形、多边形，具体形状设计视钢锭模在底盘上的摆放方式而定。原则上是要使底座和各个钢锭模底压住所有汤道砖，防止铸中跑钢。中心铸管的管身内外均呈上小下大的圆锥形，锥度 5% 左右，内腔直径比中心铸管砖的外径大 60~100mm，其间隙内灌砂以固定中心铸管砖。中心铸管的壁厚为 60~120mm。中心铸管的总高度应比钢锭内液面高度高出 600~800mm（其中包括喇叭口高 250~300mm 左右），以保证中心铸管和钢锭内的钢液有 300~500mm 的静压差，保证每个锭模内的钢液均能浇到预定高度。

中心铸管的顶部设有喇叭口，其尺寸和形状与喇叭口形耐火砖相匹配，喇叭形耐火砖应高出铸管喇叭口 50~80mm，以利于留出间隙灌砂。喇叭口的下沿设有中心铸管吊耳，可为圆断面或矩形断面，其设计方法与钢锭模吊耳相同，其截面承载能力按剪切强度考虑。

为方便工人砌筑中心铸管砖，当中心铸管高度超过 3200mm 时，可将中心铸管分为上、下两部分，两部分间设计对接平台，并用定位销锁紧（见图 8 - 2）。

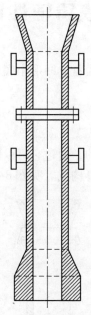

图 8 - 2 两截式中心铸管

8.2 大底盘设计

大底盘如图 8 - 3 所示，可用于直接下铸钢锭，也可在其上放置凹形小底盘，然后在小底盘上再放置钢锭模。大底盘的尺寸和形状确定取决于一盘铸锭数、各锭的截面形状和锭模间的相互距离。其平面形状可设计成方形、圆形、矩形、三角形等。底盘上放置的锭模数可有 1、2、3、4、6、8、12、16 等。锭重越小，锭模数越多。一般希望一罐钢铸一盘锭，这样可降低浇注钢液的过热度。如果一罐钢浇注几盘锭，每盘锭的浇注温度会有不同。为防止最后一盘锭无法浇注，需提高第一盘钢液的过热度，这对第一盘锭的凝固质量有不利影响。

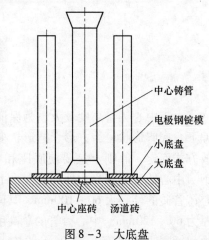

图 8 - 3 大底盘

中心铸管
电极钢锭模
小底盘
大底盘
中心座砖　汤道砖

上铸底盘一般设计成平底盘。对于下铸用底盘，需在底盘上开出砌筑中心铸管座砖和汤道砖的沟槽，各汤道沟槽应遵循对称、长度相等原则，以利于所浇注各锭汤道阻力和液面上升高度相等。各锭模之间应留出200mm以上的间隙以利于锭模散热。只有在同一盘上配浇高度相同但锭重大小不等的钢锭时，汤道的长度才不相等。

汤道在底盘上的配置方式主要有放射式和对称式两种（见图8-4）。放射型汤道在每一汤道槽上均可以配一只或一只以上锭模。当配两只以上锭模时由于汤道阻力不同，各模内钢液面上升速度存有差异，最后需采用补浇，利用连通器原理自动补齐。而对称式汤道则无此问题。但汤道弯曲较多造成阻力损失较大，汤道残钢也较多。

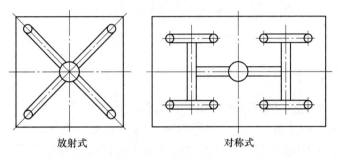

放射式　　　　　　　　　　　对称式

图8-4　汤道布置方式

底盘的中心座砖、汤道砖槽深度和宽度均比中心铸管座砖和汤道砖要大10~20mm，其间隙内填以铸造砂，其横截面呈梯形，并保证汤道砖上平面与底板上平面齐平。大底盘的厚度根据承载的中心铸管重、模重、锭重而确定，一般介于150~400mm。其四角设有吊耳，吊耳的设计原则与钢锭模耳相同。底盘的上下面需保持平行、光洁，故一般要求对其机械加工。

为了减轻大底盘的重量，只在中心铸管和钢锭模范围的下方做成实底的，其他部分做成空底的（见图8-5），图8-6为整模中的大底盘。

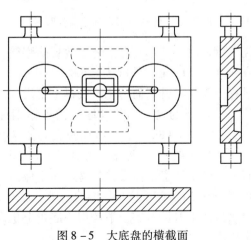

图8-5　大底盘的横截面

图 8 - 6　整模中的大底盘

8.3　小底盘设计

采用小底盘代替钢锭模模底，其内腔往往设计成凹形，以控制在压力加工时产生的"鱼尾"和"轧凹"。其凹形可分为球锥台形、直锥台形、凹锥台形等（见图 8-7）。其中球锥台形、直锥台形常用于轧制锭；直锥台形、凹锥台形常用于锻造锭。这是因为锻造时变形容易深透，尾部容易锻成圆凸形，采用凹锥台可减少切尾的缘故。

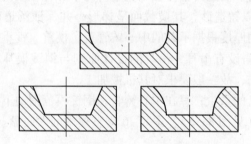

图 8 - 7　各种凹型底盘的锥台形图

当采用上铸法浇注钢锭时，在小底盘上还应放置防溅筒，以防止铸流喷溅造成的结疤，防溅筒高 400 ~ 500mm，外圆为 ϕ400 ~ 600mm，采用 3mm 壁厚的钢板围制而成，浇注过程中随温度升高而熔化。底盘上可设计缓冲垫，以保护小底盘不受高温钢液冲刷，缓冲垫的设计形状和厚度需根据钢锭大小和尾部形状确定，一般厚 10 ~ 30mm（见图 8-8）。缓冲垫在脱模后如粘在钢锭底部，则可在压力加工后与切尾一并切除。图 8-9 是作者为 B 厂设计的单层凹型底盘。

为了安装方便起见，凹形底盘上需设计吊耳。为了保证与钢锭模对中，小底盘上要设定位台，台高 20 ~ 30mm，周边尺寸留出 10 ~ 15mm 间隙。为方便小底盘与大底盘上的反射水口砖上升孔对齐，下铸用小底盘上也要设计水口眼。其设计方法与钢锭模底水口眼相同。

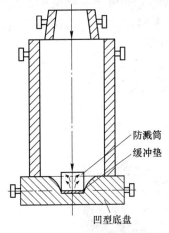

防溅筒

缓冲垫

凹型底盘

图 8-8　上铸防溅筒和缓冲垫

图 8-9　单层凹型底盘

电渣重熔用电极坯的设计需要考虑电渣重熔工艺要求，其尾部是平的，故采用平面的小底盘即可。由于电极坯的直径一般较小、细长比较大，故不在大底盘上直接浇注。如果一旦电极坯模坐偏，或钢液从汤道尾砖孔中喷出形成偏流，很容易冲刷模内初生的结晶坯壳，造成电极坯下部纵裂。因此，采用一具有一定厚度的小底盘，在其中间设计一反射水口眼，安放一个整流用的反射水口砖便显得十分必要。其反射水口砖的高度应在 100mm 以上，以保证必要的整流作用。小底盘的厚度需与之相匹配，在整模列型时要保证大、小底盘上的水口眼对中。

8.4　保温帽壳设计

对大型镇静钢锭而言，外置式保温帽的帽壳可以采用铸铁铸造；对小钢锭而言，可以采用钢板焊接而成。为防止帽壳散热过多，往往设计成轻型、带加强筋的结构，以防止其受热变形，引起模帽之间产生漏钢。帽壳的内腔形状和尺寸要和锭型设计中的帽部尺寸相匹配，并考虑安装绝热板或砌筑耐火材料的空间（大型钢锭模帽壳内常砌以保温耐火材料，而小型钢锭模帽壳内常挂以绝热板）。帽壳高度需保证钢锭的浇高需要，除此之外还要加上 80～120mm 的"留高"，以便盛装炭化稻壳、发热剂等顶部保温材料。国外还有在帽壳顶部设计空气室，以加强保温，其结构用薄钢板制作而成。国内也有在保温帽壳顶部铺设绝热板或发热板的，都是为了减少顶部散热，保证钢锭补缩质量，提高保温帽的有效利用率。如果采用电磁补缩技术，保温帽壳内还应留出感应线圈、支架、磁轭等所需的空间。此时，因采用电磁加热和搅拌，则帽壳材料应选用不导磁的不锈钢制作。

保温帽壳的下沿设计需考虑能将钢锭模口四周遮住，并留有定位台空间，以便模、帽对中。保温帽壳上也应设有吊耳，以便吊装保温帽壳。耳轴的位置应便于帽壳翻转 180°，以便处理帽壳内的残渣。

图 8 - 10 是作者为 W 钢厂设计的扁钢锭铸铁帽壳。由于扁钢锭的保温帽壳常做成方形或矩形断面，以减少切头率，故帽壳下部常设计与钢锭本体相接的"肩部"，帽壳的肩部尺寸与钢锭锭型的肩部尺寸相匹配。

图 8 - 10 扁钢锭铸铁帽壳

8.5 小渣罐

小渣罐是为了盛接开浇前放水口引流砂和引流钢之用，容量为 100 ~ 200kg，开浇前放置在中心铸管附近。渣罐的内腔为侧锥台形，以利于将废钢倒出，小渣罐上也应设计耳轴，罐内要铺以铸造砂，以防止钢液和罐底粘连。图 8 - 11 为某厂用渣罐。

图 8 - 11 小渣罐

9 模铸用耐火材料

9.1 模铸用耐火砖

模铸用耐火砖包括：钢包、开浇系统、中心铸管和汤道系统用耐火砖。

9.1.1 钢包用耐火砖

对钢包用耐火砖的要求是能耐高温钢液的侵蚀、不污染钢液、保温性能好，有一定的热震稳定性和强度。因此，常用耐火度较高的高铝砖或镁铝尖晶石砖砌筑内衬，用轻质黏土砖和石棉板做保温外层。在有特殊要求的情况下，也可用镁钙砖或其他材料的耐火砖砌筑钢包内衬。由于钢包底部要承受出钢时钢液的冲刷，因此对钢包底部耐火砖要求更高一些，砖层也更厚一些，钢包底部水口处则砌筑水口座砖。为了防止耐火材料中的水分对钢液增氢，新砌筑的钢包需经过充分烘焙干燥。为减少包内钢液温降，保证低过热度浇注，钢包在正式使用前要用烤包器烘烤至 $950 \sim 1050\,℃$。目前有的钢厂采用钢包盖加强保温，钢包盖用保温条件好的材料砌筑内衬。

9.1.2 开浇系统用耐火砖

如前所述，钢包的开浇系统有塞棒和滑动水口两种形式。因其工作条件不同，所用材质也不同。采用塞棒式开浇系统时，塞棒需长期浸泡在高温钢液中，要求有较高的耐火度，因此塞棒用耐火砖（袖口砖和塞头砖）常用高铝砖材质。由于其热振稳定性较差，在接触钢液以前要求与钢包一起烘烤。

当采用滑动水口开浇结构时，水口座砖常采用高铝质。上、下水口砖采用铝-碳质。上、下滑板砖采用铝-锆-碳质。除要求耐钢液冲刷外，还要求一定的热震稳定性和减小其相对运动时产生的摩擦力。滑板砖厚度一般为 $40 \sim 60\,mm$，水口眼直径一般为 $\phi 40 \sim 80\,mm$。

9.1.3 中心铸管和汤道用耐火砖

由于在浇注之前无法对中心铸管和汤道用耐火砖进行烘烤预热，因此其在开浇时容易因急冷急热而开裂。这些耐火砖一般都是一次性使用，因此过去人们往往采用耐急冷急热的黏土砖。但这种砖耐火度较低，不抗高温钢液冲刷，往往给钢锭内带来外生夹杂，使炉外精炼效果大打折扣。因此，近年来人们改用莫来石砖，其耐火度较高、抗热震性能好，其价格虽比黏土砖贵，但可以避免盲目追求降低成本造成的铸锭质量问题。

中心铸管用砖包括喇叭口砖、袖口砖和底部座砖。其中喇叭口砖的开口角度为 $60° \sim 70°$，长度在 $250 \sim 300mm$，壁厚在 $25 \sim 40mm$。在其下部设有子、母口与中心铸管袖口砖相接。袖口砖为直筒形，其内径常为 $80 \sim 120mm$，壁厚 $25 \sim 40mm$，长度 $200 \sim 300mm$，上下均有对接的子母口。

中心铸管座砖具有分流作用，可分为 2、4、6 流等，其外形为与之对应的正方形、六角形。当浇注奇数只锭时，可以用耐火砖堵住其中一个眼。座砖的外形尺寸需根据与其对接的汤道砖外形尺寸来确定，其下底要厚一些以抗钢液冲刷，在与汤道砖对接处也设子母口，子母口高度差为 $1.5 \sim 2.0mm$，中间可用抹耐火泥密封（见图 9 - 1）。

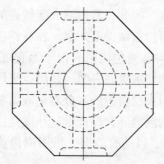

图 9 - 1 中心铸管座砖

汤道砖的内径根据所铸钢锭大小可设计为 $\phi 40 \sim 80mm$，壁厚 $25 \sim 40mm$，长 $200 \sim 300mm$，也可根据需要适当加长和缩短，以保证所有汤道缝能被中心铸管底座和钢锭模压住，防止铸中跑钢。汤道砖是一头封死的，并在其上表面设计上升孔与锭模底部的反射水口砖相接（见图 9 - 2）。汤道尾砖的长度一般为 $200 \sim 250mm$。

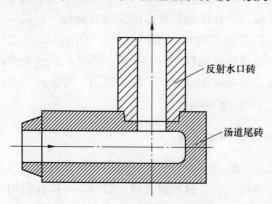

反射水口砖

汤道尾砖

图 9 - 2 汤道尾砖和反射水口砖

镶在钢锭模底眼内的反射水口砖具有整流作用，因此需要有一定的高度，一般为 80~300mm（大锭取大值），并与模底厚度相一致，其内径可为直筒型或上大下小的倒锥型。前者可保证铸流垂直向上，防止钢液冲刷初生坯壳；后者可使铸流减速，减少模底卷渣的可能性。采取哪种方式视钢锭断面大小而定，其壁厚一般为 40~60mm。反射水口砖的外形为锥台形，与钢锭模底的模底孔相匹配，每边间隙 10~15mm，中间绕以石棉绳保温。图 9-3 是某厂铸锭用各种耐火砖。

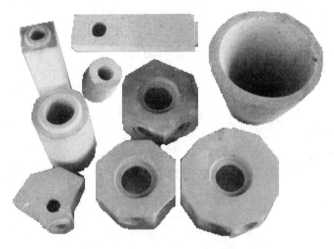

图 9-3　一些铸锭用耐火砖

9.2　绝热板

镇静钢锭保温帽的有效利用率和绝热板的保温性能有很大关系。对绝热板的技术要求主要是低导热系数、能抗钢液侵蚀、尺寸精确、抗折强度不低于 1.8MPa、所含水分要小于 0.5%，且其成分中不得含有对人体有害的物质。由于绝热板的组分中有一部分在使用过程中会燃烧挥发掉，其绝热性能也不断下降，但保温帽部的后期补缩作用却又至关重要，因此好的绝缘板在脱模时应保留原有厚度的 1/3 以上，且呈块状。

绝热板的材质中含耐火骨料（如黏土、硅砂），轻质材料（如珍珠岩、纸浆、稻壳、麻叨等），以及结合剂（如水玻璃、磷酸铝、树脂等）。其中作者开发的“PS 绝热板”中还含有“漂珠”。“漂珠”是火力发电厂电厂灰中的一种下脚料，为空心微型 Al_2O_3 或 SiO_2 玻璃球，粒径从几十微米到几百微米不等。由于其为空心结构，外壳是 SiO_2 或 Al_2O_3 质，所以“漂珠”有一定的耐火度，能使绝热板的保温性能大幅度提高。电厂灰中还有一种“沉珠”，密度比“漂珠”大，保温性能不及“漂珠”，但也可以应用。“沉珠”和“漂珠”的耐火度依其所含 Al_2O_3 的百分比不同而异，好的含 Al_2O_3 可达 40%~42%，差的达 25%~

30%。耐火黏土的主要成分是 SiO_2 和 Al_2O_3，还有少量 CaO。黏土中如果 Fe_2O_3 含量高，则耐火度降低。实际上，绝热板中上述三类材料对其强度有不同的贡献，黏土在高温下烧结，结合剂在中温时起作用，麻叨、稻壳等纤维元素在低温下保持绝热板的抗折能力，三者的互相结合保证了绝热板的使用性能。一般说来，绝热板的密度愈小，保温效果愈好，但抗钢液侵蚀能力愈差，后期保温效果也大打折扣。因此，不能只从比重这一指标来衡量绝热板的保温性能，可将绝热板切成 $10mm \times 10mm \times 50mm$ 的标准试样，在1200℃的温度下灼烧2h，放冷后测量其体积收缩率。如果体积收缩率在5%以内，则认为该绝缘板保温性能和耐蚀性能良好。绝热板的导热系数可用专用导热仪测定。

有时还可以将绝缘板制成复合型，其中迎钢面采用耐钢液侵蚀的耐火材料制成，其背钢面由保温性能好的轻质材料制成。也可以在绝热板的背面做成有一定厚度的"气室"，利用空气热阻来提升绝热板的保温效果。表9-1给出了国内外绝热板的性能对比。

表9-1 绝热板的性能

绝热板类型	容重 /g·cm⁻³	抗折强度 /N·cm⁻²	高温线收缩 /%	钢液侵蚀 /mm	尺寸精度 /mm	导热系数/W·(m·K)⁻¹			有害成分
						1000℃	1300℃	1400℃	
PS 板	0.5	>196	<2	<1.5	±0.5	0.16	0.24	0.28	无
国内标准板	0.95	>167	<6		±2.0				有
国内优质板	0.6	>117	<6	10~20	±2.0	0.18	出现液相	—	有
英国福塞克板	1.0	>166	<3	5~10		0.25	0.29		有
苏联板	0.92	98	—	—					有
日本板	0.5~0.6	161	<12	10~15		0.17	出现液相	—	有

绝热板的厚度依钢锭锭重大小而定，一般为 $30~80mm$，形状随保温帽口形状而异，高度涵盖浇高和留高。为了使绝热板能适应帽口的尺寸公差，严丝合缝，防止铸中漂板，一般将其设计成"挂板"和"插板"。其侧边斜度相反，以便互相插紧。有的则做成四个面的面板和四个角的插楔相互插紧。有的大钢锭则可用射钉枪将绝热板钉在保温帽壳上。对于尺寸较大的绝热板，为提高其抗折性，板中还设有用 $\phi6~8mm$ 钢筋制成的加强筋。绝热板是一个组合件，尺寸要求严格，故需专门设计和制作。图9-4是C厂矩形钢锭用的绝热板。图9-5是作者为B厂设计的绝热板装配图。

绝热板厚度一般设计成上、下等厚的，有时也设计成上薄下厚。其目的是使钢锭中帽部呈倒锥形，并增强模、帽结合部的保温效果，保证帽部钢液对本体的补缩作用。此时，由于绝热板形成的内腔呈倒锥形，所以当帽部钢液因补缩而下降时，其顶部的覆盖剂四周不易露亮，对减少帽部顶面散热也有好处，但这种侧锥度

图9-4 绝热板

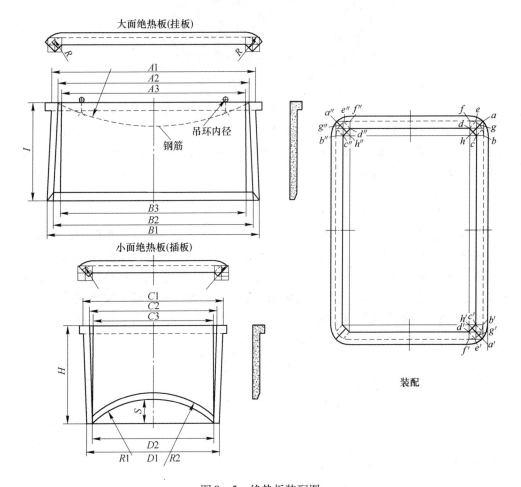

图9-5 绝热板装配图

不可太大，否则因帽下部面积减少，会对补缩产生不利影响。绝热板的最下沿应做成45°的坡口，以防止保护渣在模、帽接合处聚集。另外，绝热板也可以制成整体式（如图9-6所示），这样可以做到帽壳内严丝合缝。减少铸中漂板或接锭钻钢，但此时需严格要求锭模和帽壳控制尺寸。

图9-6 整体式绝热板

绝热板的制作由备料、制浆、成型、烘干等几个环节组成。成型方法有真空吸滤和机压成型两种。事先应根据图纸并考虑在制作过程中的体积收缩制成模型，加料成型后先在空气中晾干，然后置入隧道窑中烘干，烘干温度不超过200℃，烘干后残余水分小于0.5%。

9.3 发热剂

模铸用保温帽部的发热剂，是为了保证补缩而特意用其加热钢液的，它在保温帽浇到1/2时加入，利用其发热效率来减少帽部本身的凝固而提高帽部有效利用率。发热剂中的主要材料是铝粉，利用其氧化时的化学热来加热保温帽部的钢液。为了助燃，发热剂中还含有氧化剂，如Fe_2O_3等。某厂高效发热剂的成分如表9-2所示。加入量依钢锭大小不同，为1.5~2.5kg/t，由于其反应和加热时间有限，所以对于中、小型锭来说效果比大锭好。

表9-2 高效发热剂成分 （%）

SiO_2	CaO	Al_2O_3	Fe_2O_3	H_2O	Al 粉
9.62	4.95	11.76	31.48	0.42	25.96

9.4 模铸用保护渣

模铸用保护渣和连铸保护渣一样都起到润滑模壁、防止钢液面氧化、液面保温、防止钢液结壳和吸附夹杂的作用。保护渣在工作过程中会形成粉渣层、熔融层和液渣层三层结构。与连铸保护渣的不同之处在于对渣的黏度和表面张力的要求没有那么严格。多半只要求成分、熔点、熔速。也有的厂用预溶性颗粒渣代替粉状渣来浇注一些特殊钢种。对于电渣重熔用渣,为了保证其导电性、电阻率和吸附夹杂的作用,常采用 $Al_2O_3 - SiO_2 - CaF_2$ 三元渣系,也可根据需要在其中加入 MgO、CaO 或 TiO_2。

模铸保护渣的成分一般包括 Al_2O_3、SiO_2、CaO、CaF_2、LiO_2、C 等。熔点为 1050~1150℃,熔速 40~70s。不同的钢种应当采用不同的保护渣。表 9-3 给出了几种模铸保护渣的成分。

表 9-3 模铸保护渣成分

保护渣	SiO /%	CaO /%	Al_2O_3 /%	Fe_2O_3 /%	Na_2O/K_2O /%	C_{tot} /%	LiO_2 /%	MgO /%	NaF /%	容重 /g·cm^{-3}	熔点 /℃
国外(A)	48~55	34~40	2.5~4.0	≤1.5	≤3.0	≤1.0	—	—	—	0.2~0.4	1150
国外(B)	31~33	9~10	18~20	5.5~7.5	—	13~15	≤0.8	—	—	0.55~0.65	1210
国外(C)	43	31	8.5	2.5	5.5	3.0	—	1.0	5.0	0.60	1100
A厂渣	32~40	21~26	4~9	—	—	13~20	—	—	—	0.76	1050
B厂渣	35	28	3.9	11.6	11.9	4.7	–	0.9	6.5	0.55	1020

保护渣的加入量为 1.5~2.5kg/t 钢。为防止铸中卷渣,可采用绳子吊挂法,即将保护渣袋吊挂在模内反射水口上方 300mm 左右高度。当钢液热量将袋烤化后,保护渣便洒落在钢液面上。也可在铸中采用人工逐步将其加入模内。保护渣加入后应观察钢液面情况,以渣面不露亮、不发红为准,渣面如露亮或发红时可以补加少量保护渣。有时为达到改善钢锭表面质量和液面保温的双重要求,可以以复合方式加保护渣,即先加熔速快、熔点低的开浇渣,后加熔点高、熔速慢的保温渣。当浇注某些含 Ti 不锈钢时,由于要改善钢锭的表面质量,也可以采用液态渣,即要先将固态渣用电炉熔化,并在浇入钢液之前将液态渣灌入模内。由于固态渣在室温下不导电,很难熔化,因此,一般用石墨坩埚作载体,利用石墨导电性能好,升温快的特点,将渣熔化。一旦渣熔化,自身就变成了导电体,便可以继续用电热法加热。

9.5 保温帽的覆盖剂

镇静钢锭保温帽液面的上部要加覆盖剂加强保温。常用的覆盖剂包括酸化石墨、炭化稻壳、蛭石粉等。酸化石墨也叫膨胀石墨,遇热后体积膨胀,保温效果好,但成本较高。炭化稻壳是作者所在高校开发的,它是将水稻壳经干馏、碳化,形成一种松散的结构,其中包括 SiO_2 骨架和碳,其来源广泛,成本也低,保温效果极佳，目前已在国内外推广应用。炭化稻壳的加入量可按每吨钢锭 1 ~ 1.5kg 计算，表 9 - 4 给出了炭化稻壳的相关质量指标，表 9 - 5 是几种不同覆盖剂的效果对比。

表 9 - 4 炭化稻壳的质量指标

来　源	含碳量/%	容重/g·cm⁻³	导热系数/W·(m·K)⁻¹	水分/%
作者	45 ~ 57	0.06 ~ 0.08	0.096 ~ 0.163	0 ~ 30.5
日本	30 ~ 34	0.08 ~ 0.112	—	—
A 厂	10 ~ 30	0.12 ~ 0.23	—	5 ~ 8
B 厂	18	0.10	—	1.0

表 9 - 5 覆盖剂的效果对比（以 6t 钢锭为对象）

覆盖剂	钢液温降/℃·min⁻¹
焦炭粉	14.2
绝热板、保护渣	16.0
炭化稻壳	5.2

根据对某厂的统计数据，在 JB6.33 锭型生产中采用炭化稻壳取代传统的蛭石粉保温，钢锭的一次缩孔深度减少了 33.6mm，JC7.7 锭型缩孔深度减少了 87.4mm，其效果与加铝发热剂相当，节约了吨钢成本。与蛭石粉保温相比，U71Mn 重轨钢的质量合格率提高了 30.24%，轧后废品减少 30.19%，一级品率提高了 32.78%。

9.6 钢锭模涂料和钢锭表面防氧化涂料

钢锭模涂料和钢锭防氧化涂料都是一种溶剂型的涂料，用喷枪喷于钢锭模内表面或钢锭的外表面。前者具有防止钢液溅于模壁上，引起钢锭表面结疤的作用，并能减缓锭模热应力、防止锭模内表面氧化变质。后者具有防止钢锭表面在高温加热时的氧化作用，可以减少钢锭的烧损，都具有一定的经济效益。作者所在高校研制了上述两种涂料，并在现场应用取得实效。

上述涂料中含有 Al_2O_3、SiO_2、C 和结合剂，喷涂后要经过干燥，工作中不会自然脱落，也不会对钢锭模和钢锭表面产生不利影响。国内 B 钢厂模铸采用了日本的钢锭模涂料，钢锭模使用寿命可延长 10% 左右。国内一些合金钢厂采用钢锭防氧化涂料，氧化烧损可由 1.5% ~ 2.0% 降低至 1.0% ~ 1.5%。

9.7 滑动水口引流砂

如前所述，滑动水口在开浇前，需在上水口和上滑板之间要灌以"引流砂"。当上、下滑板水口眼对中时，由于钢液罐内钢液静压力的作用，引流砂被压出，从而实现开浇。引流砂的作用是保护上水口和上滑板，使其在开浇前不与钢液接触。引流的这部分钢液要作为废钢放出，然后才能让水口对准中铸管进行浇注。引流砂的成分大多含有 SiO_2 和一些辅料，最好采用含铬的硅砂，并按一定粒度配比制作，其工作效果直接影响到钢液能否自动开浇。如果不能自动开浇，需用人工采用吹氧管"烧氧"将其烧开，如此一来很容易把水口烧坏进而引起散流，增加了钢液"二次氧化"的机会而造成夹杂。好的引流砂自动开浇率可达95%以上，差的只有50%左右，所以不可小视。

9.8　汤道和中心铸管砂

为填充和固定汤道砖、中心铸管袖口砖等，在中心铸管和底盘汤道槽内需填充铸造砂，砂的粒度在 1~3mm 之间，要有较好的耐火度、流动性和透气性，以便于脱模后清理残砂。这种铸造砂在使用前也应充分干燥，使其含水量小于0.5%。

10 钢锭的浇注工艺

10.1 钢液的洁净化处理

对于钢中有害气体、夹杂和有害元素的控制和去除，目前已在炉外精炼（如 LF、VD、RH 等）中完成。由于传统模铸未能采用连铸中间包的浇注方法，也没有采用浸入式水口，而是多采用敞开浇注形式，因此钢液的二次氧化和产生的夹杂不能完全消除。另外，上铸时钢液对中心铸管砖、汤道砖等的冲刷作用，又带入新的夹杂。因此，目前模铸已开始采用更耐钢液冲刷的耐火砖，并在中心铸管喇叭口和钢包水口间设吹氩保护装置。保护浇注装置是在滑动水口下部设吹氩环（如图 10-1 所示），氩气以一定压力从环的气缝中吹出，包围在中心铸管上口外部，形成"气幕"，以隔绝空气，但效果依然不及连铸生产用全封闭式的浸入式水口。因此，依然难以避免地会带入一些空气。此外，可在浇注前先向中心铸管和汤道、锭模内吹氩气 30mm，将其中的残余空气赶走。

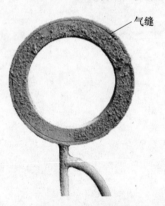

气缝

图 10-1 吹氩环

对模铸来说，适当增加浇注前钢液罐内的镇静时间和向钢包内吹氩，还是去除杂质的有效手段。同时在浇注时尽量采用"圆流浇注"防止"散流"也是重要的手段之一。而且在浇注前必须将汤道系统内的灰尘砂子吹扫干净。

目前有的工厂在实施真空浇注时，在真空室内上铸钢锭时，采用中间包和保护浇注水口，中间包内设挡墙和坝以促使夹杂物上浮；或在常规上铸时采用长水口伸入锭模下部，使钢流自下而上地受到长水口的保护浇注，待钢液浇满钢锭后将其取出，均取得了较好的效果（见图 10-2）。作者曾在 L 厂水平定向凝固钢锭开发研究中，研制并采用了 Mg – C 质六孔浸入式水口进行保护浇注（见图 10 – 3）。

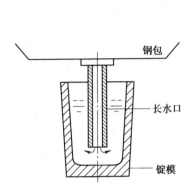

图 10 – 2　模内长水口保护浇注　　　　图 10 – 3　六孔浸入式水口

10.2　浇注温度的控制

钢锭的浇注温度（$t_浇$）为该钢种液相线温度（$t_液$）和浇注过热度之和，即

$$t_浇 = t_液 + \Delta t \qquad (10 - 1)$$

式中　Δt——过热度，℃。

一般来说，对于镇静钢希望采用低过热度浇注。因为这可以减少钢锭凝固时的偏析、细化铸造组织、增加等轴晶比例、减少钢中的气体夹杂，也能减少冶炼的负担。但过热度也不能过低，否则钢液可能不能顺利浇注。浇注温度过低，对黏度大的钢种，钢中气体夹杂也不易上浮。因此，过热度的选择应当是在钢液可浇的条件下，尽可能降低。最好争取在采用下铸时，一罐钢浇一盘锭；在上铸时，一罐钢最好只浇一只大锭，此时过热度可选 20 ~ 30℃。如果一罐钢要浇 2 ~ 3 盘下铸锭，或浇较多的上铸锭，则过热度应取为 50 ~ 60℃，最多 80℃。由于钢液在钢水罐内的温度分布是不均匀的，所以多盘浇注时，第一盘铸温比较适中，第二盘则温度较高，最后一盘温度最低，而且钢中夹杂含量较高。因此，对各盘钢锭要编号以示区别。对沸腾钢钢锭而言，开浇初期若钢液过热度高，钢液沸腾程度很弱，到后期才逐渐加强，容易造成钢锭头部"冒涨"，因此过热度也不可过高。

在确定钢液过热度时，还必须考虑钢包的保温条件和浇注速度。如前所述，采用大钢包且保温条件好时，钢液温度下降约 0.3 ~ 0.5℃/min；采用保温不好且较小容量钢包时，钢液温降约 0.6 ~ 0.8℃/min，有的甚至超过 1℃/min。因此，要根据开浇到浇完所需的总时间来确定过热度，并留有适当调整空间。

在上述计算浇注温度时，所取钢种的液相线温度，可查阅相关钢种手册或按本书中的相关经验公式计算。

10.3 浇注速度的控制

浇注速度的取值有两种方法，一种是按每分钟的浇钢量，以 t/min 计；另一种是钢液在锭模中的上升速度，以 mm/min 计。前者用于铸锭吊车上有电子秤显示时，后者用于人工肉眼估测，并辅以秒表计时。一般下铸平均铸速控制在 0.5~3.0 t/min 或 100~300mm/min。上铸时平均铸速可以适当加快，但不可过快，否则钢液容易喷溅，且因钢液静压力增加过快，钢锭下部容易产生裂纹。上铸时铸速过快，钢流也容易冲坏模底或底盘；铸速过慢，则浇注过程延长，钢液面容易结壳，并增加水口结瘤，或钢液难以铸出，造成"返炉"。

10.3.1 压盖沸腾钢的铸速控制

上铸的压盖沸腾钢开浇时铸速要小一些，以防止钢液喷溅和冲刷底盘，待下部熔池形成后可以加大铸速。同时要观察模内钢液沸腾情况，沸腾强则锭模周边"亮圈"宽，火苗旺，火星射程高，反之就是沸腾弱。沸腾过强时，钢锭的蜂窝气泡距离钢锭表面坚壳带较远，但钢锭中上部偏析增加，钢锭头部容易"冒涨"而影响封顶。沸腾太弱，虽然钢中偏析减少，但蜂窝气泡距离钢锭表面距离太近，钢锭加热时因表面产生一层厚氧化铁皮而造成"皮下气泡暴露"，经轧制后表面产生"鸡爪形裂纹"。因此，控制偏析和蜂窝气泡的要求是相互矛盾的，控制恰到好处并不容易。有时为了防止沸腾过强，可以采用铸中"刺铝"的方法，帮助钢液脱去一部分氧。如果沸腾过弱，可以往钢液中加一些预先准备好的氧化铁皮粉末，以增加钢中的含氧量，但这些方法未免会污染钢液。因此最好的方法是根据出钢温度下的 C-O 平衡曲线关系，调整好预脱氧程度（即用 SiFe、MnFe 预脱氧）。同时当沸腾强时，适当加快铸速，用钢液静压力抑制沸腾；当沸腾弱时，适当放慢铸速，使 CO 气泡易于逸出。

当沸腾钢液浇至钢锭瓶口时要放慢铸速，使钢液在瓶口内自由上涨一段距离，这段"留高"大约在 100~200mm，并根据沸腾情况向钢液面加 Al 粒，抑制沸腾。然后压盖，并向压盖上打水强制封顶。有时还可以将停浇到钢液上涨的触盖时间控制在 2~3min 之内，这样铸成的沸腾钢锭内部质量较好。

对于下铸沸腾钢，铸速控制基本与上铸沸腾钢相同，只不过由于同时铸几只钢锭，钢液在模内上升较慢，沸腾更加充分，对其控制相对容易一些。若铸中发现沸腾程度过于强烈，则可向中心铸管中插入铝以脱除部分氧。至于封顶操作，则与上铸法相同。如果采用硅铁化学封顶，则在钢液浇到模口后向钢锭头部加入 5~10mm 的硅铁块或 φ10mm 左右的铝豆，然后以铁棒搅拌，使其尽快熔化并铺展均匀，促使其脱氧封顶，防止头部钢液"冒涨"。

10.3.2 镇静钢的铸速控制

镇静钢的铸速控制，应本着"开流准、跟流稳、低温快铸、高温慢铸、圆流浇注、过帽口线减速，然后以较慢速度充填帽口"的原则。所谓"开流准"是指：开浇时铸速不能太慢，这对下铸是防止堵塞反射水口眼，对上铸是为防止模底产生冷隔。"跟流稳"是指：在模底形成溶池后，可逐渐加快铸速。"圆流浇注"是为了防止由钢液散流引起的二次氧化。"过帽口减速"是指：为了防止模帽接口处积渣引起的"喷溅"，同时也可防止绝热板受钢液浮力而漂起，破坏保温。充填帽口是以适当的速度使帽口浇高达到预定值。"高温慢铸"是为了增加钢锭坚壳带厚度，防止钢锭表面产生裂纹，"低温快铸"是为了防止汤道、水口冻结难以出钢及钢锭液面结壳。按照上述铸法，A厂实现了浇注一百万吨钢无废品的世界纪录。

值得提出的是：有的工厂将帽口的浇注速度不分上铸和下铸，混为一谈。规定不管上铸还是下铸，保温帽部的浇注时间均为本体浇注时间的 2/3～3/4（甚至是1:1）。这对上铸是正确的，对下铸就不一定正确。因为上铸时最后的热中心在帽部，当然帽部钢液填充时间愈长，对本体的补缩条件愈好。但下铸和上铸不同，帽部浇注时间愈长，意味着反射水口砖处的铸流愈细，钢液动能愈小，此时已浇到钢锭上部的钢液重力抑制了新来铸流的向上发展，上部已经较冷的钢液只能"水涨船高"，最后造成保温帽下部生成较冷的钢液层，反而不利于保温帽部热钢液的向下补缩，从而在冷钢层的下方产生了较明显的疏松区，这已为现场解剖钢锭实验所证实。因此，作者认为应当区别上铸和下铸，制定保温帽部的浇注速度。对下铸钢锭控制帽部浇注时间为本体的 1/3～1/2 比较合适。此时帽部铸速增加，为防止绝热板"漂板"，要求将绝热板插紧或用射钉枪射紧。

钢液铸到保温帽预计浇高后，应及时在帽壳的"留高"内加上炭化稻壳，或保温剂、发热剂，以提高保温帽的补缩利用率。另外，在总浇注时间相同的条件下，适当增加本体的浇注时间，减少帽部的浇注时间，还可以使钢液浇注到帽口前的本体凝固率增加，从而减少帽部所需的补缩量，这对减少保温帽容积提高成材率也是有利的。

10.4 一些特殊情况下的铸温铸速控制

10.4.1 大细长比小锥度电极坯的铸速控制

电渣重熔的电极坯的细长比有时可以达到6～10。由于电渣重熔的需要，其锥度也很小（0.3%～0.5%）。对于此类铸锭，如何保证其没有内部明显缩孔是个难题。解决的办法是采用下厚上薄的钢锭模，辅以较慢的本体铸速（例如80～100mm/min），同时保证必要的帽部容积，或采用电磁补缩技术，力图使结晶前沿能向保温帽部呈开放状态。

10.4.2 大截面积、小浇高的水平定向凝固钢锭的铸温、铸速控制

为了保证此类钢锭的柱状晶能充分定向生长，保证钢锭的 Z 向性能，除加强锭高度方向的温差、采用下部水冷底盘、锭的头部加强保温外，锭的侧面也要良好绝热，以保证柱状晶单向生长，防止 A 型偏析产生。从浇注温度选择上，要采用较大过热度助于柱状晶的生长，防止等轴晶的产生。同时采用大浇注速度，以防止由钢液在底盘上铺展路线长、散热面积大而引起的"冷隔"。例如，采用 70~80℃的钢液过热度和 4~5t/min 左右的浇注速度。这种钢锭由于没有明确的保温帽部，所以可以一直浇注到底，没有中途减速之说。

10.4.3 大吨位多边形锻造锭的铸速控制

100t 以上的大型锻造钢锭的浇注工艺往往采用多炉钢液合浇的办法，各炉钢液的铸温、铸速可以有些不同。一般第一炉铸温可以低一些，最后一炉铸温可以高一些；第一炉铸速可以快一些，最后一炉可以慢一些；第一炉钢液含碳量可以稍高一些，最后一炉含碳量低一些，以便冲淡最后的浓集溶质，减少最终偏析。这也有利于大锭的凝固和补缩。

10.4.4 电渣重熔锭的铸速控制

电渣重熔时，自耗电极在电弧作用下熔化，以液滴状通过渣层渣洗，本身铸速就比较慢，生产效率较低，要提高铸速，只有加大电渣重熔设备的功率，但功率加大后，对电渣重熔锭的质量又有不利影响。因此，希望实施恒速铸造，只有在重熔浇注钢锭上口时，才逐渐降低功率和铸速进行慢速补缩，以最大限度减少电渣锭的切头率，甚至达到不切头。

10.4.5 VC 真空浇注的铸速控制

真空浇注钢锭一般是在真空室内采用上铸法浇注（见图 2-2）。此时由于重力作用减少，钢流常以散流状进入模内，从而增大其反应表面积，保证真空脱气的效果。此时的铸温、铸速控制要考虑中间包内钢液的温降，铸温不能过低，但铸速也不可过大，因为此时铸速过大，会造成焊模底或焊底盘。因为模底和底盘由铸铁制成，熔点比钢液低很多，高温钢液集中浇在模底或底盘上，容易使其局部熔化、凝固后与锭底粘在一起，造成脱模困难或影响锭模使用寿命，所以在 VC 浇注时，模底应加缓冲垫和防溅筒。防溅筒由 3mm 厚的薄钢板围制而成，缓冲垫由厚 15~30mm 的钢板制成，在钢锭热加工后随切尾一并切除。此时，铸速控制最好是开浇要慢一些，待钢液在模底形成一定熔池后再加大铸速，并尽可能减少铸速，以增加钢液在真空条件下的停留时间。此时，对锭内夹杂上浮可能有些不利影响，但可以用中间包内加挡墙和坝等来加以解决。

11 钢锭的脱模、热装热送和加热制度

11.1 钢锭脱模时间的确定

对于镇静钢和沸腾钢，钢锭的脱模时间有很大不同。原则上，沸腾钢锭只要确保封顶后即可脱模，其脱模时间取决于已凝固坯壳的厚度。一般说来，对锭重7~8t的钢锭，坯壳厚度达到100mm以上即可脱模。如果采用车铸方法浇注镇静钢锭，则7~8t的钢锭停浇后40~60min才能动车，以防初生坯壳产生裂纹和浮在钢锭头部的夹杂下落，待钢锭本体全凝后才能脱模。具体的脱模时间可用经验公式（斯托克斯公式）估算，也可以通过钢锭凝固数值计算结果确定。根据作者多年的实际经验，按斯托克斯公式计算的凝固率系数 K 在 26~28mm/min$^{1/2}$ 之间（大锭取小值，小锭取大值）。斯托克斯公式为：

$$\frac{D}{2} = K\sqrt{t} \tag{11-1}$$

式中　D——钢锭大头断面厚度，mm；

　　　K——凝固率系数；

　　　t——凝固时间，min。

并依此计算出钢锭本体大头的凝固时间。但由于保温帽的保温作用，帽部全凝还要延迟0.5~2h（大锭取大值，小锭取小值），然后按帽部全凝时间确定脱模时间。有时为了提高脱模温度，只要本体全凝即可提前摘去保温帽，并向钢锭头部打水，以加速帽部凝固，而不会对本体质量产生不利影响。待帽部全凝后再实施脱模，这样可以提高镇静钢锭装炉温度，节约加热能耗。图11-1为现场正在进行脱模作业。

11.2 钢锭脱模后的处理

钢锭脱模后，根据钢种不同可采用模内冷却、空气中冷却、缓冷坑内缓冷或退火炉中退火等不同冷却方式。沸腾钢锭则可以采用液芯加热和液芯轧制。对于热应力不太敏感的钢种，则应尽可能对钢锭进行热送、热装以节约加热能耗。

对于放冷的钢锭，大部分出于处理钢锭表面缺陷（如裂纹、结疤、夹渣等）的需要。对热应力比较敏感的钢种，要采用砂轮清理或风铲清理。如果采用火焰清理，则清理时钢锭温度要在200℃以上，以防止热应力裂纹的产生。清理沟槽的深宽比需在1:5以上，以免在轧制时形成折叠。对于滚珠轴承钢、高速工具钢

图 11 - 1 现场脱模作业

等需要缓冷的钢种，要保证足够的缓冷温度和时间，并保证缓冷坑内各个钢锭温度的均匀性。对马氏体或莱氏体钢种要保证退火温度和时间，利用扩散退火的原理，减缓其不利的鱼骨状铸造组织的影响，降低其变形抗力和硬度，提高其塑性。相关热处理温度可查钢种手册。

11.3 钢锭的热送热装

对于钢锭的热送、热装，可以采用在钢锭预脱模后带模热送初轧厂或锻压厂的方法，利用初轧厂的钳式吊车在脱模后将钢锭直接装入均热炉，或用锻压厂取料机将其装入室状炉内进行加热，也可以采用专门的保温车热送钢锭。但不管采用何种方法都应注意：将热装温度控制在 650℃ 以下或 900℃ 以上。这是因为 700~850℃ 温度范围是钢锭内碳氮化物集中析出的温度。对一些钢种析出的 AlN、TiN、NbN 等脆性相，容易在后面的压力加工过程中使钢锭表面产生鸡爪形裂纹。作者在大连钢厂、济南钢厂、宝山钢铁公司都有过类似经历。图 11 - 2 是 J 厂缺陷诊断中发现的碳氮化物。之所以采用 900℃ 以上或 650℃ 以下热装，是由于 900℃ 以上时碳氮化物尚未集中析出，650℃ 以下热送是由于此时钢锭已完成奥氏体向铁素铁、珠光体转变，再加热时又要通过一次铁素体、珠光体向奥氏体的相变。这两次相变重结晶分散了碳氮化物的集中度，所以不易产生裂纹。

11.4 钢锭加热

钢锭在压力加工前加热的目的是提高其塑性，并降低其压力加工时的变形抗力，对一些钢种还要利用高温扩散退火来改善其铸锭偏析所带来的不利影响。

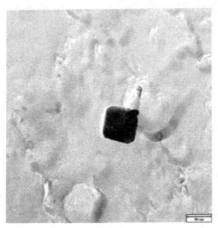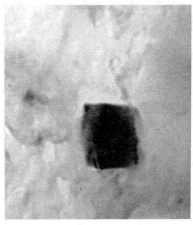

图 11 - 2 引起裂纹的钢中碳氮化物

11.4.1 加热设备

加热钢锭常采用均热炉和室状炉，有的合金钢厂则采用连续式加热炉加热小钢锭。均热炉的形式有中心烧嘴换热式均热炉和上部单侧烧嘴蓄热式均热炉等。钢锭装出炉可通过钳式吊车完成。钢锭立放在炉内，进行四面加热，炉内温度比较均匀。炉的上方可用机械开启炉盖的炉盖车，这种炉型常用于初轧厂。室状炉由炉体、炉门组成，炉内有加热台车，钢锭由装料机或铁链吊运装炉。钢锭平放在台车上，台车下方有垫铁和耐火砖，以保证钢锭均匀加热。室状炉的前部或前、后所设的炉门由卷扬机械向上开启。图 11 - 3、图 11 - 4 分别为钢锭均热炉和室状加热炉。

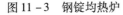

图 11 - 3　钢锭均热炉　　　　　　　　图 11 - 4　室状加热炉

无论哪种炉型均采用烧嘴，用混合煤气、高炉煤气、天然气或重油做燃料。炉内设有热电偶、压力取出管控制炉温和炉膛压力。炉子的容量一般按一罐钢锭装一炉考虑，炉膛的尺寸与钢锭的尺寸相匹配，以保证均匀加热。对于连续式加热炉,则由炉前辊道、炉后辊道、推钢机、取出机装出炉。炉内分预热段、加热段和均热段。

11.4.2 钢锭的最高加热温度

钢锭的最高加热温度取决于其固相线温度,因钢种不同而异。一般最高加热温度控制在固相线以下 150~200℃,以防止产生"过热"、"过烧"。"过热"是指由于温度高而使钢锭晶粒长大,晶间结合力减弱,甚至出现"魏氏组织"。马氏体钢的过热组织呈粗针状,工模具钢过热后常出现"萘状断口",一些合金结构钢、不锈钢、高速钢、弹簧钢、轴承钢等如产生过热,则造成高温奥氏体晶粒粗大,有异相质点优先沿奥氏体晶界析出,使材料变脆。过热组织中如形成的化合物沿晶界呈网状析出,则采用热处理方法很难消除。如仅是奥氏体晶粒粗大,则可通过正火、高温回火、快速冷却等方法加以改善和消除。

"过烧"是指:当钢锭被加热到固相线温度附近,并在此温度下停留时间过长,将会造成其晶界氧化或熔化,破坏了晶间结合力。压力加工时,钢锭产生裂纹或碎断,是不可挽救的致命缺陷。表 11-1 给出了部分钢种的过烧温度。

表 11-1 部分钢种的过烧温度

钢 种	过烧温度/℃	钢 种	过烧温度/℃
45	1400	W18Cr4V	1250
45Cr	1390	W6Mn5Cr4V2	1270
30CrNiMo	1450	2Cr13	1180
4Cr10Si2Mo	1350	Cr12MoV	1160
50CrV	1350	T8	1250
12CrNi3A	1350	T12	1200
60Si2Mn	1350	GH4135 合金	1200
GCr15	1350	GH4036 合金	1220
18CrNiWA	1300		

11.4.3 钢锭热加工温度范围

钢锭的热加工温度范围是指开始加工温度和加工终了温度之间的温度区间。钢锭的热加工温度范围取决于合金相图、塑性图和变形抗力图,以及再结晶图(见图 11-5~图 11-8)。

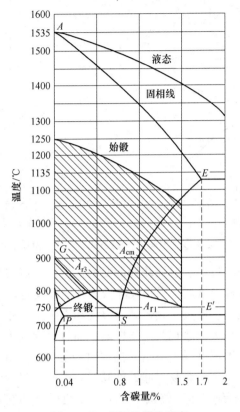

图 11-5　碳钢的锻造温度

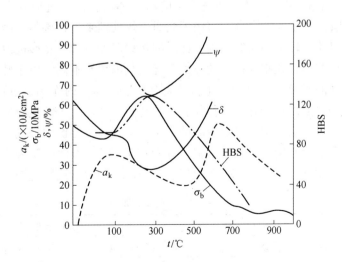

图 11-6　碳钢的塑性图

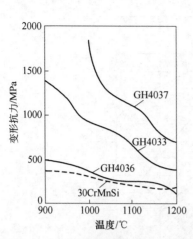

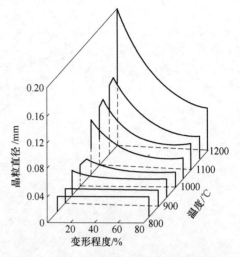

图 11 - 7 一些高合金钢的变形抗力图　　图 11 - 8 GH4037 镍基高温合金再结晶图

由图可见，为防止过热、过烧并降低变形抗力，碳钢的开锻温度低于固相线
150~250℃。随着碳含量增加，固相线降低，开锻温度也降低，其他合金可以依
此类推。碳钢的终锻温度取决于其再结晶温度和钢中第二相析出温度。终锻温度
过高时，不但晶粒因长大而恶化其力学性能，而且会导致第二相析出，严重时造
成魏氏体组织。当终锻温度低于再结晶温度时，会导致"加工硬化"不能消除，
塑性降低，变形抗力增加，容易引起锻件开裂。因此，终锻温度应高于再结晶温
度50~100℃。对低碳钢来说，终锻温度可处于奥氏体和铁素体双向区，此时因
γ、α相塑性均较好，不会出现什么问题。而对高碳钢来说，终锻温度应处于奥
氏体和渗碳体双相区内，以便将先共析的渗碳体网打碎，避免其产生不利的影
响。对于没有固态相变的合金，组织无法通过热处理来进行调整，因此终锻温度
一般较低，以获得较细的组织结构，此时的终锻温度可参考变形抗力图。

应当指出的是，轧制与锻造的热加工温度范围稍有不同，由于轧制时均热炉
与初轧机之间的运锭距离较远，轧制时又有轧辊冷却水的作用，过程温降较大，
因此钢锭的加热温度和开轧温度往往要比锻造高一些。由于锻造时室状炉距锻压
机较近，又无冷却水作用，且锻造时的变形速率较高，钢锭内部的变形热来不及
散发，因此锻造时钢锭温降较慢（有的还可能升温），因此同钢种钢锭的锻造开
锻温度要比轧制低一些。表11 - 2 给出了部分钢种的锻造温度范围。

表 11 - 2　锻造温度范围

钢　种	钢　　　号	始锻温度/℃	终锻温度/℃
优质碳素钢	08、10、15、20、25、30、35、15Mn、20Mn、30Mn	1250	800
	40、45、50、55、60、40Mn、45Mn、50Mn	1200	800

钢 种	钢 号	始锻温度/℃	终锻温度/℃
合金结构钢	10Mn2、20Mn2、30Mn2、40Mn2、50Mn2	1200	800
	30CrMnSi、35CrMnSi、30CrMoV、35CrMo	1150	850
	20CrNi3、12Cr3Ni3、20Cr2Ni4、18Cr2Ni3W	1180	850
	15CrMn2SiMo	1200	900
碳素工具钢	T7、T8	1150	800
	T9、T10	1100	770
	T11、T12、T13	1050	750
合金工具钢	5SiMnMoV、9SiCr、9Mn2、6SiMnV	1100	800
	3W4CrSiV、Cr4W2MoV	1100	850
	5CrMnMo	1100	800
高速工具钢	W18Cr4V、W9CrV2	1150	900
	W6Mo5Cr4V2、18Cr4V	1130	900
不锈钢	1Cr13、2Cr13、3Cr13、4Cr13	1150	750
	Cr28	1120	700
	1Cr18Ni9、2Cr18Ni9、1Cr18Ni9Ti	1130	850
高温合金	GH4033	1140	950
	GH4307	1200	1000

11.4.4 钢锭加热速度和保温时间

钢锭的加热速度取决于其热传导系数 α：

$$\alpha = \frac{\lambda}{\rho c} \qquad (11-2)$$

式中 λ——热导率，$W/(m \cdot K)$；

ρ——密度，kg/m^3；

c——比热容，$J/(kg \cdot K)$。

钢的热导率表示金属的导热能力，与其化学成分、温度和其组织状态有关。在常温下，合金钢的热导率低于低碳钢。几种钢的热传导系数随温度的变化如图 11-9 所示。由图可见，在较低温度时，各钢种的导热率相差较大，温度超过 700℃以后，则相差减小。热传导系数大，冷锭加热时内外温差小，由温度差引起的热应力也较小，钢锭不易开裂。合金钢锭因其热导率比碳钢低，冷锭加热时内外温差大，热应力也大，故合金钢锭加热快了容易产生热应力裂纹。因此，合金钢锭的加热速度应比碳钢慢一些。温度超过700℃以后，各钢种的热传导系数相差不是很多，故高温下装炉的钢锭以及冷锭加热到700℃以上时都可以快速加热，以节约能耗，减少烧损。影响钢的加热速度的因素除与装炉温度有关外，还与钢锭断面大小。钢锭断面大，由传热引起的内外温差和热应力愈大。因此，大钢锭比小钢锭的加热速度慢些，保温时间长些。

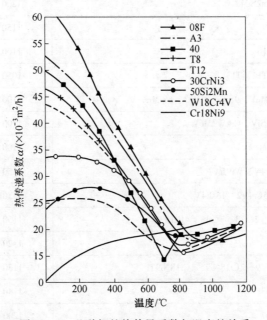

图 11 - 9　几种钢的热传导系数与温度的关系

钢锭加热到所需温度后，均需有一段保温时间，在此期间可使钢锭内外温度趋于均匀一致，以减小变形时的温度应力和不均匀变形引起的附加应力，同时还有均匀化学成分，改善钢锭组织结构的作用。例如，高速工具钢锭中往往存在鱼骨状或羽毛状共晶碳化物，该碳化物硬而脆，在压力加工中容易引起裂纹。因此，需要在高温下较长时间保温，利用高温扩散退火来改善这种由于偏析引起的铸造缺陷。

11.4.5　钢锭加热制度

钢锭加热制度是一种锭温随时间变化的曲线，现以 16t 20MnMo 冷锭加热为例加以说明（见图 11 - 10）。冷锭入炉时，为了防止热应力过大，先在400℃炉中焖钢2h，然后以较慢的速度（50～60℃/h）升温至800℃，并保温2h左右，完成奥氏体相变，待塑性改善后，以较快速度（110～120℃/h）加热至最高温度1250℃，保温4h左右，然后出炉。

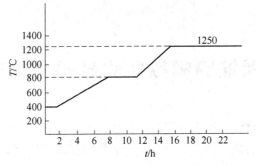

图 11-10   20MnMo 冷锭加热曲线

11.5   沸腾钢的液芯加热

如前所述，沸腾钢钢锭在确保封顶后，即可热送装炉加热，利用尚未凝固液芯的结晶潜热进行自身均热，从而节约大量热能。这种钢锭装炉时的液芯率一般在 25% ~30% 之间，均热后液芯率在 8% ~10% 之间，可轧液芯率为 6% ~8% 。

带液芯的钢锭装入均热炉后，可采用"焖钢法"或"逆 L 型烧钢法"控制钢锭的均热过程。焖钢法是钢锭入炉后先不给炉气，利用钢锭芯部的结晶潜热自身加热温度较低的钢锭角部和底部，待锭身温度上来后，再给少量炉气均热，同时减少原有钢锭的均热时间，最高加热温度也可降低 20 ~30℃ （见图 11-11） 。这样总体加热能耗可节约 50% ~60% ，加热时间能节约 1 ~1.5h 。逆 L 型烧钢法是钢锭入炉后先给定量炉气，然后逐渐减少炉气量，直至加热到轧制所需温度，也可节约能耗 50% ~60% 。由于加热时间缩短，最高加热温度降低，钢锭的烧损还可以减少 0.6% ~1.0% ，均热炉生产率可提高 25% ~30% 。

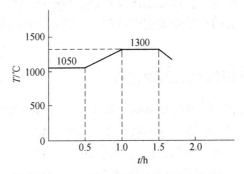

图 11-11   液芯加热焖钢法温度曲线

12 钢锭的模拟实验技术和检验技术

钢锭的冶炼、浇注、压力加工过程比较复杂，人们不能仅从现场生产中来获得实际数据，掌握冶炼、浇注、凝固和金属变形规律。因此，要用实验室模拟实验来开发、研究新的工艺和设计方法。

在实验室可以用缩小比例的锭型和用一些与钢相近的材料进行模拟实验。为了使实验结果具有科学性和可信度，必须遵循"相似原理"。相似原理要求模拟物在几何尺寸上必须与实物成比例，叫做几何相似。此外，在物质结构、物理化学性能、实验边界条件上还要与实物保持物理相似和物理化学相似，这样模拟结果才能指导生产实际。但是相似并非相等，因此实验结果与生产实际之间还会存在一些差异，总体上说规律相同。

12.1 钢锭的模拟浇注和流场模拟试验

采用有机玻璃等材料制成钢水包、中间包、中心铸管、钢锭模等缩小比例的模型，用水等模拟物模拟钢液，进行浇注模拟实验，并以示踪剂显示钢液在各种容器中的流动状态，进而用高速摄像机拍摄整个流动过程。上述实验可以对浇注过程中的钢液流动进行演示，用于优化锭型设计，优化钢包水口、中心铸管、汤道砖、水口砖直径和钢锭浇注速度。也可用微小粒子模拟钢中气体、夹杂在浇注、凝固过程中的运动情况，该方法比较直观。与钢液存在差异的地方在于水和钢液黏度不同，且钢液的流动受温度影响较大。因此，还应辅以其他方法进行系统研究。

12.2 用化学试剂模拟钢的凝固过程

常用的化学试剂有硫代硫酸钠和氯化铵水溶液。这两种物质在室温下均呈结晶状态，在物理和物理化学方面与钢液有相似之处。该模拟实验也是按钢锭的几何尺寸做缩小的模型。其模型取钢锭的纵截面为模拟体，用 15～20mm 厚的两片有机玻璃，中间夹以用铜片围成钢锭模的内腔形状和外部轮廓。在两层铜片围成的通道中间通以可调节温度的冷却水，模拟钢锭模的冷却吸热作用。在有机玻璃板和铜片围成的型腔内，灌以熔化了的硫代硫酸钠或氯化铵水溶液，模拟钢液进行浇注和凝固实验。为了模拟钢锭模吸热升温对冷却强度的影响，模型外的冷却水温度可以通过热电偶和电热泵调节。硫代硫酸钠的溶液过热度也是可调整的，并用电热偶进行测温。从结晶模拟实验中可以看到细晶坚壳带、柱状晶带、等轴晶带的生长过程、结晶雨的沉降和钢锭帽部的补缩情况。为了模拟保温帽的保温效果，帽部两侧不采用铜片，而以塑料聚酸板代替。通过此模拟实验不但可以优化锭模结构，还可以观察不同冷却效果对凝固的影响、结晶前沿形态的变化、缩孔的产生和形态、大小变化，但无法模拟钢锭内偏析的形成过程。图12-1为作者在实验室内模拟的S厂2.8t合金钢锭凝固过程的照片。图12-2是作者模拟B厂水平定向凝固钢锭的凝固过程。

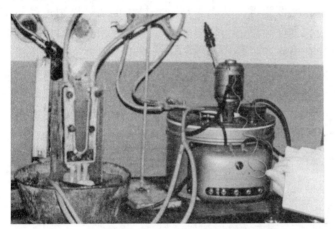

图12-1 水平定向凝固模拟实验

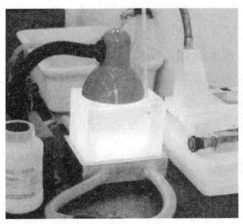

图12-2 用硫代硫酸钠模拟钢锭凝固过程

为了保证水平定向凝固的热流，模拟钢锭的下部设水冷底盘，上部设发热装置，四周全部采用厚20mm的有机玻璃围制定向凝固模型。其下部冷却水温及上部发热体的发热量均为可调，并以热电偶测定。试验中可以测得柱状晶的最大生长高度和钢锭头部的补缩状态。

12.3 用铅锭模拟钢锭轧制变形

为了探索钢锭的塑性变形规律，作者于 20 世纪 70 年代制成了当时国内第一台模拟二辊可逆式初轧机，并开始了高轧件变形规律的研究。先后开发了"优势轧制法"、"钢锭液芯轧制"等新工艺，并为国内十余家钢厂优化钢锭锭型，为提高成材率进行了大量实验研究工作。之所以利用铅锭来模拟钢锭轧制，是因为铅锭在室温下轧制相当于钢在高温条件下轧制。钢在高温奥氏体状态下和铅在室温下都是具有面心立方晶格，塑性相近；轧制中都有回复和再结晶作用；铅与钢轧辊间在室温下的摩擦系数和钢在高温下与轧辊间的摩擦系数相当。模拟轧制时铅锭的断面尺寸、轧辊直径和道次压下量均按同一比例缩小，保证了变形规律及变形区形状参数相似。这种相似条件下的实验结果可直接用于指导现场生产实际，因而广受欢迎。图 12 - 3 是所用模拟二辊可逆式初轧机和模拟铅锭的照片。此模拟过程中由于铅和钢的变形抗力不同，所以在模拟轧制力的作用时需乘以一个相似系数，而其规律基本一致。

图 12 - 3 模拟实验轧制及模拟铅锭

12.4 用锡芯铅锭模拟钢锭的液芯轧制

为了探索钢锭在带液芯轧制时的变形规律和轧制力变化的特点，在前述的模拟初轧机上用锡芯铅锭模拟钢锭进行液芯轧制模拟实验。其方法是首先用钢锭模浇注铅锭，在不同凝固率的条件下，将剩余的未凝铅液倒出；然后，将锡熔化灌入空心铅锭壳内，制成不同液芯率的模拟锭；最后将锭顶部焊死。实验时将铅锭加热至300℃，利用锡的熔点较铅低的特点（Sn 熔点232℃，Pb 熔点328℃）使锡芯熔化，而铅仍处于固态。如此轧制便形成了液芯轧制。实验中对铅锭的变形和轧制力进行测量时发现：液芯轧制时钢锭的变形规律与全凝固钢锭轧制有许多不同之处。液芯轧制相当于轧一个封闭壳体，由于"静不定弯矩"的作用，变形的范围超过了几何变形区，钢锭与轧辊之间产生了"非接触区"，而且在高轧件条件下，钢锭侧面出现了较大的单鼓形宽展。液芯部分变形抗力降低，且液芯部分流向钢锭前、后端，这可以减轻固态轧制时的"鱼尾"和"轧凹"。由电阻式压力传感器测得的总轧制力在液芯部位也显著降低。但如果轧制时液芯率过大，钢锭的轧制将会失稳，坯壳易受内部拉应力作用产生开裂。因此，可轧液芯率需控制在6% ~ 8%的范围之内（即液芯部分的截面积占钢锭截面积的百分比）。研究结果曾用于指导在 A 厂进行的 ZF 法沸腾钢锭液芯轧制技术，并取得圆满成功。图 12 - 4 是一组不同液芯率模拟钢锭轧制变形后的实物照片，其中可见非接触区和变形超出几何变形区的情况，标记区域为非接触区。

图 12 - 4　锡芯铅锭的模拟液芯轧制

12.5　用热光弹结合有限元法模拟钢锭模的热应力

为了探索钢锭模热应力的分布规律和优化钢锭模结构，作者借用了力学上的光弹性法。光弹性法用于检测机械零件在外力作用下产生的内应力大小和分布，用来优化机械零部件的结构。它是采用光敏材料—硅酸碳酯制备机械零部件模拟试样，然后对该模型试样外加载荷，并使偏振光透过光敏材料，在透镜后的屏幕上即可反映出机械零部件内的应力分布情况。通过彩色条纹颜色的级数及稀疏程度，反应应力的大小及分布。作者采用此方法，用硅酸碳酯做成钢锭的断面形状，并按一定比例缩小尺寸。用电阻丝做成温度可调的发热体来模拟钢锭内钢液的温度变化，并用热电偶反映温度的高低，从而在仪器屏幕上反映出钢锭模温度应力的分布和变化（见图 12 - 5）。图 12 - 6 是 27t 大型扁钢锭模口的热应力分布图。

作者采用此方法探索钢锭模热应力分布规律后，为国内多家钢厂设计了不同的钢锭模，优化了钢锭模结构，提高了其使用寿命，取得良好效果。

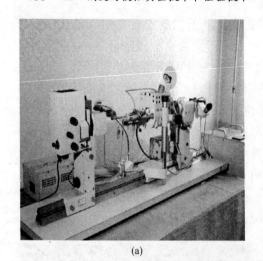
(a)

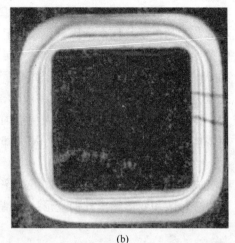
(b)

图 12-5 热光弹性法测钢锭模热应力
（a）偏振光仪；（b）热应力分布模型（方锭）

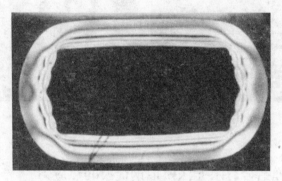

图 12-6 27t 扁钢锭模热应力分布图

12.6 用导热仪测定绝热板的保温性能

绝热板的导热系数对其保温性能起着决定性作用。作者采用自制的导热仪测定不同材质、不同厚度绝热板的高温导热系数。考虑到原国家标准只规定了绝热板在 1200℃ 温度下的导热系数，这与绝热板实际工作温度 1400℃ 以上相差甚远。因此，作者修改了原国家标准。采用的方法是用一组温度可调的硅碳棒发热体，配以热电偶控温。将不同材质和厚度的绝热板置于其上，绝热板上再用一个盛水的容器盛水，接受绝热板传递的热量，用热电偶和自动记录仪记录水温和水蒸发量的变化，从而测得绝热板的实际导热系数。由于水的比热变化比较稳定，此方法比较可行。实验中发现，绝热板的导热系数与其成分之间有很大的关系，随着温度的上升，绝热板内可燃物的燃烧和不可燃耐火材料的烧结致使其导热系数变化很大。由此选用电厂灰漂珠配合含铁量少的黏土，混以聚酯类结合剂以及其他轻质材料制成 PS 绝热板的原料。还规定了以 1200℃ 条件下，绝热板标准试样在 2h 内重烧线收缩率不得大于 5% 的新标准。从此，PS 绝热板在国内各钢厂得到了全面的推广应用，取得了良好效果。图 12-7 为绝热板导热系数测试装置示意图。

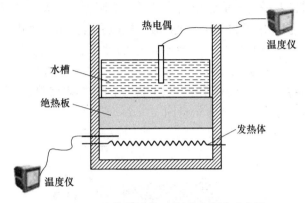

图 12-7 绝热板导热系数测试装置示意图

12.7 各种振动、搅拌条件下的钢锭组织、结构变化的模拟实验

为了研究在各种"外场"干预作用下钢锭的组织、结构的变化，作者研发了电磁补缩新技术。利用电磁场的集肤热效应和电磁力效应对模拟钢锭保温帽口金属进行加热和电磁搅拌（见图 12-8），事后对模拟钢锭进行解剖，检测其低倍组织和力学性能。实验结果优化了帽口补缩条件，可减少镇静钢帽容比 3% 左右，还细化了帽部凝固组织，减轻了帽部偏析。该技术已应用于一些钢厂的新锭型设计。除此之外，国内一些科研机构如上海大学、钢铁研究总院、中科院金属所等还用氯化铵水溶液或低熔点有色金属模拟了钢锭在超声波振动、电磁振动条件下人为形核，增加钢锭等轴晶的模拟实验，优化了振动功率和频率等参数，并开始进行工业性实验，也取得了一定的效果（见图 12-9）。

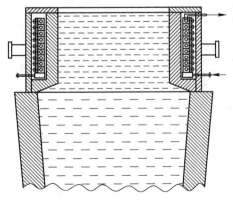

图 12-8 电磁补缩装置示意图

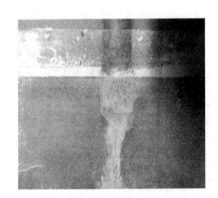

图 12-9 振动结晶实验

12.8 钢液内电磁场分布的模拟实验

为了研究电磁场在钢锭中的作用，必须测定磁场在液态钢锭内的分布规律。由于传统的金属模对磁场有屏蔽作用，磁场在不同形状和大小的锭模内分布规律也有所不同，故需采用特殊的实验方法加以模拟。首先可以采用不同材质的模拟钢锭模（如铜、铝、耐火材料）考查磁屏蔽的效果。用"狭缝式锭模"或"分瓣式锭模"研究磁场的透入深度，用设计"厂形磁轭"的方法引导磁力线集中和分散，用特斯拉仪或"小线圈法"研究磁场的分布规律等。图 12 – 10 是作者测试钢锭模内磁场分布实验装置示意图。

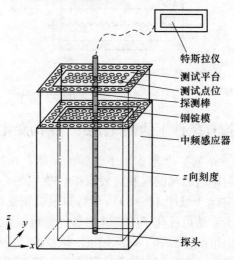

特斯拉仪
测试平台
测试点位
探测棒
钢锭模
中频感应器
z 向刻度
探头

图 12 – 10　锭模内磁场分布测试装置示意图

12.9 钢锭浇注和凝固的模拟实验

采用中频感应炉冶炼钢液和缩小比例的钢锭模进行钢锭模拟浇注和凝固实验。图 12 – 11 为浇注中用插棒法测定其纵向凝固进程，用添加夹杂物和硫化物的方法研究夹杂上浮和偏析分布概率。待钢锭全凝后进行解剖，观察低倍组织，并采用硫印法观察偏析分布，用金相法观察晶粒度的大小及组织结构。采用此方法时，由于和实际钢锭的尺寸效应影响，凝固速度相差较大，只能得到定性的结论，与现场生产实际结果将有一定差距。因此，此方法的结果不能直接用于大生产，只能提供参考。

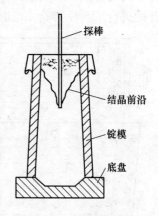

探棒

结晶前沿

锭模

底盘

图 12 – 11　用插棒法测定
其纵向凝固进程

12.10 钢锭热加工组织和性能实验研究

采用热模拟试验机做钢锭变形实验是将实验钢制成标准试样，并将其加热到不同温度，测试其拉伸、压缩性能等变化，以研究在不同温度下钢的塑性、变形抗力和体积收缩变化。还可以利用热模拟实验机测定不同钢种的相图和 CCT 曲线，为新钢种、新工艺的开发提供科学依据（详见有关资料）。

13 模铸钢锭的现场测试和检测

为了掌握各种钢锭的凝固规律、研究钢锭模的热应力分布、检查钢锭的内部质量，作者在现场多次进行了钢锭和钢锭模测温，并解剖了各种钢锭和钢坯。这些工作在计算机数值模拟技术尚未应用时发挥了至关重要的作用。即使在当今计算机数值模拟的凝固计算中，仍可为其确定采用的边界条件提供客观的依据，并能通过解剖钢锭检验计算结果的正确性。

13.1 钢锭凝固时间测定实验

作者与 A 厂合作，先后采用了钢锭模倾倒法、钢锭模内预设热电偶法、铸锭中加入放射性同位素等方法，测定钢锭的凝固进程。

13.1.1 钢锭模倾倒法

它是一种最原始的方法，20 世纪 70 年代，作者在 A 厂利用浇注时多余的钢液，使其注满锭模本体后对液面进行保温，然后在脱模厂根据不同的铸毕时间，将模内未凝钢液倒出。最后测量凝固壳的厚度，并求出凝固率系数的变化范围。作者先后进行了六次实验，凝固时间从 30 ~ 45min，测得的 6.5t 钢锭平均凝固率系数，之后以此为依据计算了相近锭型、锭重的本体全凝时间，并依此确定脱模时间，与现场生产实践相吻合。

13.1.2 同位素测定法

它是利用的放射性同位素如 P35、F50、C14 等，在 8.3t 镇静钢钢锭铸满锭模后的不同时间加入钢锭模内，待钢锭凝固冷却后解剖钢锭。利用放射性同位素的射线，使相纸感光，然后测出凝固层厚度与时间的关系。此法可行，但较为繁琐，故实际应用不多。

13.1.3 钢锭热电偶测温法

在 A 厂 10.7t 扁钢锭模上部钻孔，在其内置入热电偶三支，分别测定钢锭断面芯部、厚度 1/4 处和边部的温降曲线，该曲线的形式如图 13 - 1 所示。该曲线与钢锭凝固过程相对应。从液相线降温到固相线，钢锭要释放结晶潜热，故该阶段的温度曲线基本呈平直状态，待结晶潜热释放完毕，曲线才开始下降，由此可得凝固进程。采用此方法时应注意热电偶的选择和维护，一般选用铂铑热电偶，外面套以保护磁套管。热电偶在管内应有一定自由活动空间，否则会因钢锭本体凝固下沉而将补偿导线拉断。进行此方法研究，需报废一个钢锭，因而不能经常使用。

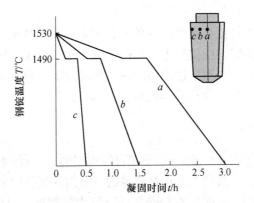

图 13 - 1   10.7t 钢锭凝固测温曲线

13.1.4   钢锭模外测温

钢锭模外测温除测量钢锭模温度场分布外，也可以间接反映钢锭的全凝时间，故可以不必报废钢锭。其方法是采用接触式测温枪或远红外线的测温仪对锭模上的固定点间断或连续测温，并根据测温时间做出钢锭模的温升曲线（见图 13 - 2）。有时也可采用热像仪直接测定钢锭模温度场的变化并进行自动记录。

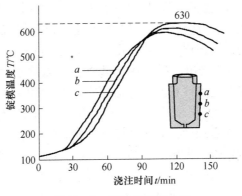

图 13 - 2   钢锭模测温曲线

由于锭模温升自内壁向外壁有一个热量传递过程，故每点的起始时间后曲线有一个水平段，过了此段后该点模温逐渐增加，直至升温速度最大，然后逐渐减缓。模温升至最高点并开始下降时对应着钢锭该部位完全凝固。但由于锭模和钢锭之间存在热阻，故此时间滞后于钢锭的全凝时间，因此要考虑一个系数。此方法精确度不及钢锭热电偶测温法，但对估算钢锭的脱模时间还是有用的，对用数值模拟方法确定钢锭模温度场边界条件，也有参考价值。

13.1.5 射钉法

射钉法是采用射钉枪在钢锭凝固的不同阶段将高强度钉子射入钢锭坯壳内，在钢锭凝固后解剖钢锭，依据钉子头部被钢液熔化的长度，测出该时刻的坯壳厚度。此方法比较麻烦，多用于连铸坯的坯壳厚度测定，钢锭研究者采用较少，只在上小下大钢锭上使用过（即在不同时刻脱模、射钉）。

13.2 钢锭的解剖

为了检验钢锭的内部质量，最直接有效的方法就是解剖钢锭。这对于设计新锭型，研究新钢种，开发新工艺也是必需的。解剖的钢锭应是在标准工艺规范的条件下铸出来的钢锭，不能是在特殊条件下铸出的钢锭，以便具有普遍代表性。同时，要详细记录各工艺参数，如钢锭的化学成分、铸温、铸速、锭模开浇前的温度、保护渣与绝热板的性能、帽部的实际浇高、钢锭和钢锭模的实际尺寸和重量等。以便与计算机数值模拟计算结果相比照。

钢锭的结构属于轴对称，故解剖时可取其 1/4 做实验试样，以减少工作量。为此应事先画好切割线，然后用大能量火焰枪切割。切割线应与解剖线之间留有 60~80mm 的距离，以免火焰切割区影响解剖面的组织结构。如果钢锭较小，解剖可取钢锭的 1/2；如果钢锭较大，则可取钢锭芯部的一片进行解剖研究。钢锭用火焰切开后，要用刨床或铣床加工至中轴线所在平面，然后用磨床磨光到光洁度 6.3μm 以下，再进行硫印实验以分析锭内偏析。此时，钢锭内的硫使相纸上的溴化银感光成硫化银，其呈褐色，可从相纸上读出钢中硫的偏析信息。然后可将解剖锭放在酸槽内进行酸浸。一般采用盐酸酸浸，酸液温度为 50~60℃，酸浸时间为 40~60min，然后捞出用碱水中和残酸，再以清水冲洗，并用热风吹干，进行照相或观察。可以得到柱状晶、等轴晶的分布，钢中的气泡、裂纹、疏松和大颗粒夹杂，及 V 型、倒 V 型偏析线，底部细晶沉积锥等钢锭组织结构信息。然后还可以画上网格定点取样，分析各点化学成分的变化。

作者在多次解剖钢锭时采用了一种新的方法，即将加工好的钢锭事先加热到 400℃以下（即在表面开始"发蓝"的温度以下），投入放有冷工业盐酸的酸槽中，利用钢锭本身的热量在盐酸液中煮沸 40min，捞出后用碱水中和、清水冲洗，并用吹风机迅速吹干。此时，钢锭的铸造组织（包括细小的枝晶）皆清晰在目，效果比前种方法要好很多。图 13-3 是现场解剖钢锭酸浸实验的照片，图 13-4 为实验室钢锭试样硫印图。

图 13 - 3   现场钢锭解剖酸浸实验

图 13 - 4   钢锭试样硫印图

13.3   超声波探伤

超声波探伤是一种无损探伤方法，不用解剖钢锭就可以发现其内部缺陷，故被工厂所广泛采用。

超声波探伤是利用声波在钢锭内部传递时，遇有声阻抗不均匀不连续的地方，就会反射一个伤波的特性而反映缺陷的。它由探头、检测控制仪和标准样块等组成。探头由保护罩和电石英或锆钛酸铅晶片组成，由超声波电源带动其振动发出超声波。探头既是超声波发射源，又是声波的接收器。探头和钢之间用水玻璃或油做耦合剂，保证探头与钢之间紧密接触。超声波探测仪可调节超声波的功率、灵敏度和频率，用以探测材质、厚度及形状不同的钢件。在探伤仪的屏幕上，有一个面波 T 和底波 B，分别代表被探伤钢材的上、下表面。而钢件中间的缺陷所产生的伤波 F 则存在面波和底波之间，并以其与面波距离的大小，反映缺陷点与上下表面间的距离。伤波的波形大小、疏密程度、尖锐程度代表着不同缺陷的种类和大小，并与标准试块相对比、标定，来给超声波探伤评级。超声波探伤虽有诸多好处，但没有经验的人只能知道钢中存在缺陷，但判断不出到底是什么缺陷，因而难以对症下药判明原因。只有经验丰富又对从炼钢、铸锭到加热、轧制各工艺环节都十分了解的技术人员，才能判断出缺陷的种类和产生的原因，从而对症下药、药到病除。否则还需依赖解剖钢锭或钢材来最后诊断。图 13 - 5 是超声波探伤仪的基本结构，图 13 - 6 为研究人员正在为试样进行超声波探伤检测。

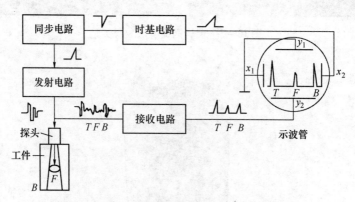

图 13 - 5　超声波探伤仪的基本结构

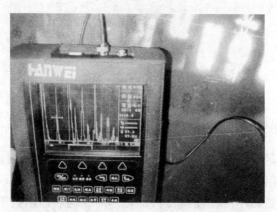

图 13 - 6　研究人员正在为试样进行超声波探伤检测

　　应当指出的是，超声波探伤往往用于最后的钢材上，而不用于钢锭上。这是由于钢锭断面太大，超声波难以深透，且钢锭内晶粒粗大又有疏松等空隙，超声波散射度较大，因而难以发挥其作用。有关各种超声波探伤伤波特性的分析本书将在下部书中详加介绍。实际上有许多缺陷都与钢锭原始缺陷有关，或者说钢锭铸造缺陷对成品钢材具有一定的遗传性。尽管通过压力加工，钢的组织、性能均有很大改善，但在钢的后期加工、热处理过程中还可能产生新的裂纹。因此，此处的重点放在分析钢锭原始缺陷方面。

13.4 金相检验和力学性能测试

13.4.1 高倍金相检验

为了满足由钢锭制成成品的组织、性能要求，钢材最终都要进行金相组织和力学性能的测试。金相测试在金相显微镜上或扫描电镜或透射电镜上进行，利用金相显微镜可以分析钢的相组成和晶粒度。电镜的放大倍数可达 50 万～100 万倍，可观察钢的显微组织、第二相析出物和亚晶结构。扫描电镜配合钢材的断口分析，可判断钢产生开裂的裂纹源、区分断裂属于脆性的还是韧性（见图 13－7），采用与电镜配合的能谱仪，可以分析钢内夹杂物的成分和结构。有关电镜的工作原理和操作方法可见有关书籍。

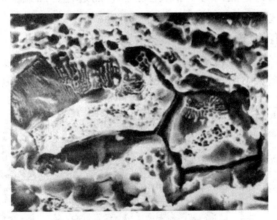

图 13－7　在扫描电镜下观察的断口形貌

13.4.2 力学性能测试

根据钢的用途不同，可在拉伸试验机上测试钢的屈服强度、抗拉强度、伸长率和断面收缩率；在硬度计上测试钢的硬度；在扭转试验机上测试钢的塑性；在冲击试验机上测试钢在不同温度下的冲击韧性；在疲劳试验机上测试钢的疲劳性能；在蠕变试验机上测试钢在高温下的蠕变性能等。在此不加详述，可见有关专门书籍。

13.4.3 化学性能和物理性能测试

化学性能和物理性能测试包括钢的抗酸、碱腐蚀性能的测试，钢的磁电性能的测试，钢的导电率、热膨胀系数、表面张力、热导率、比热、密度的测试等。为钢的使用和生产提供科学依据，在此不一一列举，可见有关专门书籍。

13.5 钢锭浇注凝固的计算机数值模拟

采用计算机数值模拟技术对钢锭铸造过程中的流场、温度场、凝固场和溶质分布进行计算，对钢锭的偏析、缩孔、疏松、脱模时间、锭模热应力、钢锭内部组织应力进行预测是近年来铸锭技术的重大进展。采用计算机数值模拟计算可以为工程技术人员节约大量时间、人力、物力和财力。其过程可以对计算的边界条件和技术参数做灵活的改变和调整，从而获得锭型设计、钢锭模设计的最佳方案。目前国内外已有许多有关钢锭凝固的计算机模拟商业软件，如 CFX、AN-SYS、MAGMA、NOVACAST、AnyCasting、PRO/E、ProCAST、ViewCAST 等。这些软件所用的本构方程都基于傅里叶传热方程、纳维－斯托克斯流动方程或麦克斯韦尔方程等。钢锭铸造属于非稳定态传热过程，许多物性参数都是温度的函数，温度场、流场、电磁场属于非线性强耦合的过程，因此不同的学者采用了不同的假设条件和边界条件来进行对上述基本方程的求解。有的用有限元法，有的用有限差分法，有的进行二维简化计算，还有的进行三维计算，还开发了不同的前处理和后处理程序。作者团队曾先后对一些厂的钢锭进行了系统的计算机数值计算，并将计算结果（见图 13 - 8）与实际相对照，但发现还是存在一定的差

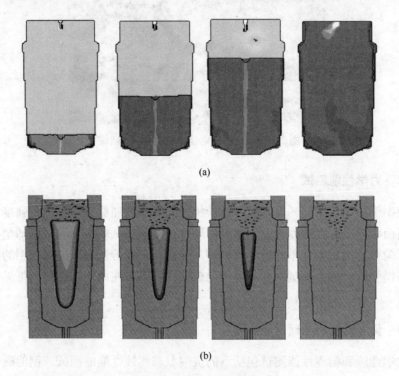

(a)

(b)

图 13 - 8 钢锭冶金过程模拟

（a）钢锭充型过程模拟；（b）钢锭凝固过程模拟

距。主要是因为国内自主开发的软件很少，大部分研究者都是利用国外的商业软件进行二次开发，更有甚者对上述软件并未吃透，以及国外软件大多进行了加密，有些假设条件和边界条件的选取脱离实际。例如，对钢锭和钢锭模中气隙的传热，就是一个"黑匣子"。气隙何时产生，气隙有多大，钢锭四周气隙是否同时产生，这些均与钢锭本身体积收缩和锭模受热膨胀有关，而且气隙不是一次就达到稳定的，所以准确处理起来十分困难。另外，对结晶潜热是用一个等效的比热来处理。再如保温帽口的绝热板和保护渣，其导热系数随时间呈非线性的变化，不同材质的绝热板、保护渣具有不同的导热系数，如何处理也存在诸多问题。至于电磁场和温度场、流场之间如何耦合，目前也处于研究之中。

钢锭内部的应力场与温度场、相变场有关，各部温度场、相变场也非均匀一致，并随时间变化。钢锭各部分之间是个整体，有互相牵扯和影响。钢锭内部铸造应力、偏析分布的预测难度很大，因此直至目前人们还得以解剖钢锭来验证数值计算的准确性。

参 考 文 献

[1] 胡林，李胜利，胡小东，等．对发展我国模铸钢锭技术的几点看法［C］．2014年钢锭制造技术与管理研讨会论文集，41~45.

[2] 胡林，许长军，胡小东，等．机械制造业用大型钢锭的开发与研究［C］．METF论文集，2013.

[3] 胡林．提高钢锭成坯率及质量论文集．冶金部提升钢锭成材率工程研究中心论文集（内部资料），1986.

[4] 胡林，许长军，胡小东．钢锭设计手册．辽宁科技大学冶金工程技术中心工程设计汇编（内部资料），2007.

[5] 胡林，胡小东，许长军．大型定向凝固扁钢锭技术设计与工程应用报告．辽宁科技大学冶金工程技术中心研究报告（内部资料），2009.

[6] 胡林．全国特厚板市场、技术调研报告．辽宁科技大学冶金工程技术中心技术报告（内部资料），2010.

[7] 胡林，许长军，胡小东，等．锭型设计与加工成型论文集．辽宁科技大学冶金工程技术中心论文集（内部资料），2010.

[8] 胡小东，许长军，胡林．辽宁科技大学钢锭工艺专利汇编．辽宁科技大学冶金工程技术中心工程专利文集（内部资料），2010.

[9] 许长军，赵连钢，胡林．电磁环境下结晶器内综合冶金行为研究报告．辽宁科技大学冶金工程技术中心研究报告（内部资料），2010.

[10] 许长军，胡林．钢锭电磁补缩新技术基础研究报告．辽宁科技大学冶金工程技术中心科技研究报告（内部资料），2013.

[11] 许长军，胡林，胡小东．钢锭双频感应梯次凝固新技术基础研究报告．辽宁科技大学冶金工程技术中心研究报告（内部资料），2013.

[12] 黄希祜．钢铁冶金原理［M］．4版．北京：冶金工业出版社，2010.

[13] 周尧和，胡壮麒，介万奇．凝固技术［M］．北京：机械工业出版社，1998.

[14] 朱苗勇．现代冶金工艺学［M］．北京：冶金工业出版社，2011.

[15] 韩至成．电磁冶金技术及装备［M］．北京：冶金工业出版社，2008.

[16] 王新华．钢铁冶金——炼钢学［M］．北京：高等教育出版社，2007.

[17] 王振东，曹孔健，何纪东．感应炉冶炼［M］北京：化学工业出版社，2009.

[18] 姜锡山．特殊钢缺陷分析与对策［M］．北京：化学工业出版社，2006.

[19] 赵沛．炉外精炼及铁水预处理实用技术手册［M］．北京：冶金工业出版社，2004.

[20] 赵志业．金属塑性变形与轧制理论［M］．北京：冶金工业出版社，2005.

[21] 程巨强，刘志学．金属锻造加工基础［M］．北京：化学工业出版社，2012.

[22] 姜周华，刘福斌，余强，等．电渣重熔空心钢锭技术的开发［C］．2014全国特种冶金技术学术会议，2014：140~145.

［23］ 王宝忠，高建军，刘海澜．超大型钢锭极端制造的回顾与展望［C］．钢锭制造技术与管理研讨会论文集，2014.

［24］ 向大林．中国大型电渣技术在世界上的领先发展，对发展我国模铸钢锭技术的几点看法［C］．2014 年钢锭制造技术与管理研讨会论文集，2014：71 ~ 103.

［25］ 张慧．振动激发金属液形核技术在钢锭凝固过程中的应用探讨［C］．钢锭制造技术与管理研讨会论文集，2012.